UNREAD

简单
识数法

MILLIONS,

BILLIONS,

ZILLIONS

MILLIONS,

BILLIONS,

ZILLIONS

MILLIONS

BILLIONS,

ZILLIONS

[加] 布莱恩·W. 克尼汉 ——— 著

严笑 ——— 译

Defending Yourself
in a World
of Too Many Numbers

北京燕山出版社

简单识数法

[加] 布莱恩·W. 克尼汉 著

严笑 译

图书在版编目（CIP）数据

简单识数法 /（加）布莱恩·W. 克尼汉著；严笑译
. — 北京：北京燕山出版社，2021.12
书名原文：Millions, Billions, Zillions:
Defending Yourself in a World of Too Many Numbers
ISBN 978-7-5402-6235-8

Ⅰ.①简… Ⅱ.①布…②严… Ⅲ.①数字—普及读
物 Ⅳ.① O1-49

中国版本图书馆 CIP 数据核字 (2021) 第 219226 号

MILLIONS, BILLIONS, ZILLIONS:
Defending Yourself in a World of Too
Many Numbers

by Brian W. Kernighan

北京市版权局著作权合同登记号 图字:01-2021-5766 号

选题策划	联合天际·边建强
特约编辑	罗 曼　王羽鬻
美术编辑	梁全新
封面设计	木 春

未 A志
DR 探索家

关注未读好书

责任编辑	王月佳　王亚妮
出　　版	北京燕山出版社有限公司
社　　址	北京市丰台区东铁匠营苇子坑 138 号嘉城商务中心 C 座
邮　　编	100079
电话传真	86-10-65240430（总编室）
发　　行	未读（天津）文化传媒有限公司
印　　刷	三河市冀华印务有限公司
开　　本	880 毫米 ×1230 毫米　1/32
字　　数	102 千字
印　　张	6 印张
版　　次	2021 年 12 月第 1 版
印　　次	2021 年 12 月第 1 次印刷
I S B N	978-7-5402-6235-8
定　　价	55.00 元

未读 CLUB
会员服务平台

献给梅格和马克

目录

前言

当你掌握了数字时，你实际上读的就不再是数字了，就像你读书时读的不再是单词一样。你将会读懂其中的意义。

（杜波依斯，社会学家、作家和民权活动家）

你不用非得成为数学家才能很好地理解数学。

（约翰·纳什，数学家、诺贝尔奖得主）

一般来说，人们在看到数字时应该更加怀疑。他们应该更多地自己琢磨这些数据。

（内特·西尔弗，统计学家）

我们被数字包围着。电脑以极快的速度制造这些数字，它们被政客、记者和博主传播，还出现在没完没了地折磨我们的广告轰炸中。事实上，数字流量巨大，大多数人（包括我）都无法应付，于是我们的大脑就会无视它们。我们最多会产生一种模糊的印象，感觉某事好像很重要，应该相信它，因为它包含数字。然而，"无视"是一个糟糕的策略，因为大多数这样的数字都是为了说服我们，让我们相信某些东西，比如采取某种特定的行为、相信某个政客、购买一个小玩意、吃点东西或进行投资。

这本书的目的是帮助你评估每天遇到的数字，并能够在必要时为了你自己的利益，或者仅仅是为了反驳别人告诉你的东西，来生成你自己的数字。你要能从听到的内容中识别出潜在的问题，不要过于相信表象。

这本书将帮助你以明智的方式怀疑所看到的数字，对它们进行推理，判断某些主张是可能正确还是显然错误，以及在你需要它们来做重要决定时计算你自己的数字。一般的做法是研究一个明显错误或至少可能错误的数值，说明你如何推断出它是错的，帮助你得出自己的、更可能正确的数字，最后得出一般性的经验。

一旦有了适当的武器，你就有很多不同的方式可以保护好自己。你需要的最基本的东西是常识，再加上合理怀疑的精神、基本事实和一些推理方法。如果你习惯做近似计算的话就更好了——很少有问题需要精确的计算，并且还有简化近似计算的捷径，我们在之后会讲到的。

这本书的目标读者是希望获得更多信息并且更加谨慎对待道听途说的人。如今有太多不实信息和故意的谎言，如果我们希望发现错误、彻头彻尾的谎言以及对事实的微妙歪曲和夸大，我们就真的必须多加注意。

这些事情并不高深莫测，也算不上是"数学"。我听过太多的人说："我一直都不擅长数学。"他们这么说对自己是不公平的。这句话真正的意思是，他们的数学老师教得不好，以及他们从来没有多少机会在日常生活中使用简单的算术。本书中的材料只需要用到简单的小学算术。你只要在美国或是其他地区读到了小学五六年级就可以理解这本书。此外的内容，你只需要动动大脑和利用你已经了解的信息就能理解。你甚至会发现这很有趣。

第1章

新手入门

@#$%^&* 到底有多少辆汽车？

（作者，又一次困在不知何时会结束的交通拥堵中）

当我陷入交通拥堵，看不到车辆的尽头，视线所及之处只有静止的汽车时，我曾多次问过自己这个问题。过去几年里，我在美国、加拿大、英国、法国都遇到过这种情况；毫无疑问，你在某个地方一定也有过类似的经历。

所以到底有多少辆汽车？你可能想知道道路前方、你所生活的城镇或者国家的汽车数量。

现在就停下！不要伸手去拿你的电脑或手机，也不要问Siri（苹果手机的语音助手）或Alexa（亚马逊的智能语音助手）。想象一下，你正处在一个根本就不能提问的情境中。也许你是在没有手机信号的农村遇到的交通拥堵，或者你在不能上网的飞机上，又或者你在参加面试，面试官想看看你是否能独立

图1.1 到底有多少辆汽车?

思考。

　　你的任务是在不查阅其他任何信息来源的情况下，自己找出合理的答案——换句话说，就是做出估计。Dictionary.com将"estimate"（估计）的名词定义为"对某物的价值、数量、时间、大小或重量做出的大致判断或计算"，动词定义为"对某物的价值、数量、大小、重量等形成一种大致判断或意见"。这正是你首先应该要做的。

首先做出你自己的估计。

　　举一个具体的例子，让我们估计一下美国的汽车数量。我们估计世界各国汽车数量的方法都一样，只是细节可能有所不同。

　　最简单的方法就是自下而上进行估计，从你了解或经历过的具体事物开始估计，然后在此基础上发展到一般情况。我会从我自己的经验开始：我有三位直系亲属，我们每人都有一辆汽车。如果真是这么简单——每人一辆汽车——那么我们就已经完成计算了。现在美国的人口大约是3.3亿，所以有3.3亿辆汽车。这一估计值在很多情况下已经完全足够。

一个粗略的估计通常就足够了。

请注意，我们的估计来自两方面：个人经验和对一个事实的了解，即这个国家的大致人口。在本书的其余部分你会看到，我们可以在对某事没有详细了解的情况下做出非常准确的估计，但总的来说，我们必须对某事有所了解才行。

你知道的越多，你的估计就越准确。

3.3亿这个数字可能太大了，因为许多人没有汽车——比如说18岁或20岁以下的未成年人和不再开车的老年人，当然还有那些住在停车费用昂贵、公共交通便利的大城市的人。另一方面，有些人会有不止一辆汽车，但这种情况可能很罕见。

考虑到这些因素，我们可以修正一下3.3亿这个估计值。如果我们算超过一半甚至三分之二或四分之三的美国人口拥有一辆汽车，那么我们就会得到一个更精确的估计，即美国有2亿至2.5亿辆汽车。

如有必要，调整你的估计值。

不要忘记"如有必要"这几个字。通常情况下，一个粗略的答案就完全够了，而且有时我们没有办法获取能够帮助我们修正数值的信息。在之后的章节我们会看到很多这样的例子，第 13 章提供了一些建议和练习的机会。

我们也会看到在一些例子中，人们宣称自己掌握的信息非常充分且准确，实际上他们不可能达到这种水平，这表明背后有猫腻。如果你在接受别人的数值之前已经做了自己的估计，你就会对这种情况保持警惕。

如果现在转而使用电脑或手机，我们可以将自己的估计和其他信息来源作比较。例如，维基百科称，"2015 年，美国约有 2.636 亿辆注册乘用车"。而相关搜索结果中点击率最高的是来自《洛杉矶时报》（*Los Angeles Times*）的一篇报道，上面说美国有 2.53 亿辆汽车。很显然，我们的估计是接近这些数字的，这是一个鼓舞人心的迹象。

独立的估计应该是相似的。

各方数据达成一致是一个好迹象，除非每个人都犯了同样的错误。然而，如果两个独立产生的估计值差异很大，那么就有地方出错了，至少有一个估值是错的。

现在我们已经对汽车的数量有了合理的估值，那就可以思考相关的问题。例如，一辆普通的汽车一年能行驶多少英里？能开多久？每年卖出多少辆车？养一辆汽车要花多少钱？

一辆汽车一年行驶多少英里？如上所述，从个人经验或观察开始是很有用的。例如，假设你或某个家庭成员单程通勤 20 英里，那么，一周就是 200 英里，50 周（约一年）就有10 000 英里。但是有很多可变的因素：一些人的通勤路程更长，一些人的通勤路程更短，还有一些人会使用公共交通工具。非完整工作周和假期旅行以及其他一些因素会在某种程度上改变这个估值，但其中很多影响会相互抵消。

太大和太小的值往往会相互抵消。

我的汽车保险单上说，每辆家用汽车按平均每天 27 英里的行驶里程来付保费，这数字乍一看挺奇怪，但是 365 乘以27 等于 9855，接近 10 000。我怀疑这不是巧合：保险公司知道每年 10 000 英里是一个很具有代表性的数值。

一辆车能使用多长时间？这么多年来，我买过好几辆车，我总是一直开一辆车，直到它真的开始散架为止。我的最后一辆车开了 17 年，行驶了 18 万英里。我可能会比一般人坚持得更久，所以我们可以选择一个近似整数，比如 10 万英里或者10 年，不过这绝对是一个粗略的估计。那些每隔几年就租一辆新车的人呢？当他们消费升级的时候，其他人会得到一辆没怎么使用过的二手车，并且会继续使用它，直到其寿终正寝为止，所以 10 年仍然合理。

每年卖出多少辆新车？如果有 2.5 亿辆汽车，每辆都能使用 10 年，那么其中 1/10，也就是大约 2500 万辆，必须每年更换；如果它们能使用 15 年，那么将有 1600 万或 1700 万辆被替换。

这是一种守恒定律的一个例子：一辆车走到生命尽头，通常会被一辆新车取代。当然，这假设的是一个稳定的状态，而在人口增长或经济波动的时候，情况就不是这样了，但这是新手入门的一个合理假设。第 7 章讲了更多关于守恒定律的内容。

守恒：有进有出。

养一辆汽车要花多少钱？作为练习，你可以估计一下每行驶一英里要花多少钱。养车费包括可变成本（如燃油）、固定成本（如保险）、不可预测的成本（如维修费用），以及旧车报废后买新车所需要的钱。

你可能已经注意到，对于上面的所有估计值，我们没有使用比乘法和除法更复杂的算术运算，而且为了简化计算，我们对数值都进行了无情的四舍五入。

乘法、除法和近似运算就足够了。

这对本书的其他部分也适用——我们不是在做"数学题"，

而是用一种真正轻松的方式来做小学算术。第12章对算术进行了更广泛的讨论，提供了简化计算过程的一些捷径和经验法则。

这一章我主要讨论的是汽车，你可能对此没有直接的兴趣。但即使是这样，在后面的章节中我们会看到，需要利用不完整信息做估计的时候，我们都可以使用本章讨论的方法和技巧。大多数情况下，你可以通过搜索得到一个数值，但是如果你在求助于搜索引擎之前自己先做出估计，那就更好了。这不会花费很长时间，你很快就会擅长做估计。不断的练习会在一生中保护你，让你对道听途说保持警惕。如果在别人告诉你某个数字之前，你心里已经有了一个数值，并且做了一些简单的运算，那么别人就不太可能把某些观点强加到你身上。

关于单位的说明

因为我住在美国，所以这本书的大部分例子都来自美国。对此我不太担心，因为世界上任何一个地方都会有类似的故事。

我更担心的是，许多例子中的计量单位——长度、重量、容量——都是英制单位，因为美国几乎是唯一没有采用公制、几乎所有的度量衡都使用英制单位的国家。不熟悉英尺、磅和加仑的读者有时可能会感到困惑。我试着尽可能帮助读者减少这种困惑，但错误的单位通常是故事的重点。

同时，这里列出了书中最常出现的英制单位，以及它们和公制单位之间的大致转换。

英制	公制	美制
1 英寸	2.54 厘米	
0.3937 英寸	1 厘米	
1 英尺 12 英寸	30.48 厘米	
3.2808 英尺 39.37 英寸	1 米	
1 码 3 英尺	0.9144 米	
1.0936 码	1 米	
1 英里 5280 英尺	1609 米	
0.6214 英里 3281 英尺	1 千米	
1 盎司	28.3 克	
0.035 盎司	1 克	
1 磅 16 盎司	453.6 克	
2.204 磅	1 千克	
2000 磅	907.2 千克	1 短吨
2204 磅	1 吨 1000 千克	
	0.47 升	1 美制品脱 16 美制液体盎司

英制	公制	美制
1.06 夸脱	1 升	2.11 美制品脱
		0.26 美制加仑
1 加仑		
4 夸脱	3.79 升	
8 品脱		
1 英亩	0.405 公顷	
0.0039 平方英里	1 公顷	
华氏度 = 32 + 摄氏度 × 1.8 摄氏度 =（华氏度 −32）÷ 1.8		

如果你仔细观察这些转换，你可以看到一些有用的近似值：

1 米 ≈1 码

1 千克 ≈2 磅

1 升 ≈1 夸脱

这些近似值与真实值的差不超过 10%。如果你确实需要更加精确，那么进行下面的调整：

1 米 ≈1 码 + 10%

1 千克 ≈2 磅 + 10%

1 升 ≈1 夸脱 + 5%

调整后的值与真实值的差不超过 1%，这通常足以进行估算了。

第 2 章

如何发觉数字可能存在错误

也许布什政府可以利用 6600 亿桶战略石油储备来压低油价。

（《新闻周刊》，2004 年 5 月 24 日）

几年前，当汽油价格大幅上涨时（尽管仍远低于每加仑 2 美元），《新闻周刊》就建议增加汽油供应，为消费者降低价格。美国在得克萨斯州和路易斯安那州墨西哥湾沿岸的地下盐洞中储备了大量应急石油。《新闻周刊》的想法是，将其中一部分投放到公开市场将增加石油供应量，从而压低价格。

除了储备的规模，文章还提供了另一个有用的事实："每辆车平均每年使用 550 加仑汽油。"因此，问题来了，如果战略石油储备只是用来满足消费者的需求，它还能维持多久？如果你愿意的话，花点时间试着自己算一下。你可以先把一年 550 加仑换算成更加直观的数字：550 除以 365，接近 1.5

加仑一天。

2.1 储备石油将维持多久?

为了得到这个问题的答案，我们需要知道一共有多少辆车，以及一桶有多大。

到底有多少辆车? 在上一章，我们得出了 2 亿到 2.5 亿这一结论。这对目前而言已经足够了，如果之后我们了解了更多信息，可以进行修正。

一桶有多大? 这个问题更难，但想想那些丢弃在建筑工地和垃圾场的 55 加仑的大桶，或者人们有时在派对上或餐馆后面看到的啤酒桶，我们就可以做出有根据的猜测。既然我们不确定，我们就把一桶的容量当作 55 加仑吧，如有必要，之后再调整。

假设一桶 55 加仑的原因之一是，这样计算起来比较容易。如果每辆车每年消耗 550 加仑汽油，而一桶是 55 加仑，那么每辆车每年就消耗 10 桶油。2.5 亿辆车乘以每辆车 10 桶油，就得到每年 25 亿桶油。这是个粗略的计算，因为汽车数量和油桶大小都是我们估计的，但误差不可能很大。

《新闻周刊》称，储备的石油有 6600 亿桶，而我们每年消耗大约 25 亿桶。6600 除以 25 等于 264，也就是说这些石油储备可以维持 260 年! 那为什么我们如此担心石油? 听起来我们可以忽略世界上那些因战争和政治而影响石油生产的动荡地

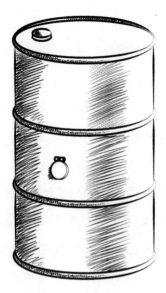

图2.1 一桶有多大?

区；我们可以不理会这些地区，因为自己已经拥有了充足的石油。

事情有些不对劲。

2.2 相差 1000 倍

如果我在和一群人说话，比如做演讲，有人就会在这里提出反对意见。有人可能会说我估计的汽车数量太少了，因为我没有把卡车和公共汽车包括在内，而它们消耗了大量燃料。或者说我没有考虑到人口增长，还可能有人说一桶的容量比我估计的要小，炼油过程不能将原油 100% 转化为汽油，或者石油还有其他用途我没算上。

这些都是完全有根据的论点。但是，即使我的估计与正确答案相差了 2 倍、3 倍甚至 10 倍，结论仍然是一样的：美国有大量石油储备，而且可以维持很长一段时间。这里确实有些地方出了问题，但不是通过小小的调整就能解决的问题。发生了什么呢？

几周后，答案变得清晰起来。《新闻周刊》发表了一篇更正文章："……我们之前说，战略石油储备的规模是 6600 亿桶。但实际上是 6.6 亿桶。"换句话说，《新闻周刊》把百万（million）和十亿（billion）这两个单位混淆了，造成了 1000 倍的误差，这可是个大问题。

我们可以用百万而不是十亿这个单位再算一次，但没有必要，我们早就完成了运算。用 250 年除以 1000，得到 1/4 年。储备只能维持三个月！动用储备最多只能暂时降低汽油价格，而很快这些石油就会消耗完。国家对石油的担忧是正确的，总统不采纳动用石油储备这一建议是明智的。

顺便一提，动用石油储备的想法会时不时浮出水面。奥巴马总统在 2011 年就考虑过了，3 月 7 日，商业内幕网站（Business Insider）上的文章称，"白宫似乎试图使用 8000 亿加仑的石油储备来压低原油价格"。仅在五个简短的段落之后，这篇文章在提到同一储备时，就变成了 7.27 亿桶（正确的数值），这说明文章是匆忙拼接在一起的，作者从来没有仔细阅读过。

人们混淆英文单词"million"和"billion"的次数出乎意料地多：说出乎意料是因为"a billion"（十亿）比"a million"（百万）大 1000 倍，这可是 1000 倍啊。让我换个你能产生共鸣的说法。假设你以为现在你有 100 美元。如果这个数字太小，只有真实数字的 1/1000，那么你实际上应该有 10 万美元，这足以买一辆豪车，甚至足以在美国的某些地方买一套普通的公寓。另一方面，如果这个数字比真实数字大了 1000 倍，那么你实际上只有 10 美分，这什么也买不着。

《新闻周刊》的这则报道还是挺典型的。可靠和负责的消息来源发布一些包含大数字的报道，其他人可能会按照这一报道行事，或者把它传播出去。我们大多数人都被这样的报道洗脑了，看的时候内心毫无波澜，只是隐隐约约觉得有人该做点什么干预一下。但正如我们刚才看到的，我们只需要动用常识、做个大致估计和做点小学算术就可以揭示出报道中的一个重大错误。

我们每天看到的数字中有多少同样是错误且具有误导性的，比真实数字大 1000 倍或是原数的 1/1000？又有多少不准确的数字是由更不可靠和负责的消息来源产生的？它们的目的不是提供信息，而是向我们出售某个东西或想法。

回顾一下我们是如何发现错误的。首先，当然是停顿足够长的时间来思考这个说法。其次，对我们需要的几个值进行粗略但合理的估计。我们做了一些简单的计算，得出了一个不可能正确的结论。无论我们的估计和计算多么粗略，它们都不可能与实际数字相差 1000 倍。因此，原始报道中的某些数字肯定是错的。

在本书的其余部分，我们将探索如何发现潜在的问题，如何进行合理的估计，如何轻松地进行近似运算，以及如何从结论中倒推出信息的真假，分析模式和上文所述的一致。

2.3　检查单位

几年前，当我第一次开始思考在数字世界中保卫自己时，油价正在迅速上涨。之后价格继续上涨，有所回落，然后再次上升，这个周期可能会一直持续下去，直到我们不再依赖化石燃料为止。能源现在是一个重要的话题，而且很可能在今后很长一段时间内都很重要，所以很多新闻报道使用很大的数字来谈论价格、环境问题等话题。

两个单位一起出现的时候就很容易犯错误，其中一个单位在日常生活中并不常见的时候就更容易出错。因此，《纽约时报》在 2006 年 4 月 26 日的一篇社论中说，"（战略石油）储备能力为 7.27 亿加仑"；10 月 3 日，《纽约时报》将单位修改为桶。这一容量比《新闻周刊》报道的高出 10%。美国能源部官方网站 energy.gov 称储备容量超过 7 亿桶（而不是 7000 亿桶！）。

这些来自不同信息来源和不同时间的数值都非常接近；这种一致性是个好迹象。

一桶有多大？事实证明，一个石油桶比常见的 55 加仑的桶要小；正如《纽约时报》在 2010 年 6 月 9 日更正对墨西哥湾漏油事件的报道时所说，"一桶的容量是 42 加仑，而不是 42 000 加仑"（又出现了相差 1000 倍的情况）。我们最初估计一桶石油是 55 加仑，所以我们的估计错了，但只比实际数值大了 25% 或 30%（42/55=0.76；55/42=1.31），所以这不是大问题，何况我们也没有其他数据的精确值。

上面提到的墨西哥湾石油泄漏是 2010 年 4 月由"深水地平线"钻井平台爆炸沉没造成的。漏油持续了三个月才得到控制；平台还在使用的时候，它提供自己稳定的数据流，这些数据经常是错误的，有时具有严重的误导性。

钻井平台的操作人员和各政府机构无法准确估计泄漏的原油量，这已经够糟糕的了，但错误的单位和因数又加重了这些错误。例如，2010 年 5 月，《纽约时报》的一篇报道称，钻井平台正在运送 75 万桶柴油。此后不久，单位又从桶改为加仑。

石油总是出现在新闻报道中。2008 年 1 月 4 日，《纽瓦克星报》（*The Newark Star-Ledger*）称："（昨天）一张全球石油产量的示意图误报了每天的原油产量。对于清单上的国家来说，石油的数量应该以百万桶计，而不是十亿桶。"

2008 年 3 月，《纽约时报》称，美国人在 2007 年使用了
33.95 亿加仑汽油。既然美国人口超过 3 亿，那么每个美国人
一年就用了 10 加仑汽油。这个数字显然太小了，即使只给一
辆车加一次油，也超过了这里一个人一年的用量。如果用桶来
代替加仑，那么每人每年的用油量将达到 10 桶左右，几乎和
我们上面看到的数字一样。这种一致性是一种有效检验的手
段：如果不同独立来源的数字和计算得出的答案相近，那么就
比得出完全不同的答案更有可能是正确的。

同年的晚些时候，我们了解到古巴的海洋石油储备"多达
2000 万桶"，这个数字小到让人怀疑应该是 200 亿桶（这个怀
疑是正确的）。

《纽约时报》在 2008 年 4 月称，墨西哥前一年的石油产
量降至约 31 亿桶 / 天。因为地球上有 70 多亿人，这就意味着
每人每天的石油产量接近半桶，而且这里算的仅仅是墨西哥的
石油产量！如果这个数字是正确的，我们就无法及时处理原油
了。果不其然，不久之后《纽约时报》就将 31 亿更正为 310
万。加仑与桶（相差 42 倍）、百万与十亿（相差 1000 倍）是
人们经常混淆的两对单位。

怎样才能发现这些错误呢？了解一些相关的事实会有帮
助。首先，如上所述，美国大约有 2.5 亿辆汽车。其次，美国
每辆车每年平均行驶 10 000 英里。每加仑汽油可以支持汽车
行驶约 20 英里，所以每年的汽油使用量约为 500 加仑，或 10

桶多一点。如果你知道上述的其中几个数字，你就可以估计出其他的数字了。例如我们想知道每年行驶 10 000 英里这个值是否合理。正如第 1 章所述，如果你每天开车 20 英里，每周开五天，那就是每周 200 英里，50 周就是 10 000 英里。当然，在世界其他地方，具体情况有所不同，例如在欧洲，汽油价格更高，行程更短，公共交通更便利。

混淆时间单位的问题也很常见。2007 年 2 月 12 日，《纽瓦克星报》发表了一篇更正文章："昨天一篇关于可替代燃料的社论中提到，美国汽车燃料的使用量将在 10 年内上升到每天 1700 亿加仑。这个说法是错误的，实际上应该是每年 1700 亿加仑。"

声誉良好的新闻媒体努力报道正确的事实，而且他们很注重纠正错误，这点值得赞扬。例如，2010 年 5 月，《华尔街日报》发表了一篇更正文章称："欧元区去年每天消耗 1050 万桶石油。5 月 21 日，《华尔街见闻》一篇关于欧洲危机对大宗商品价格影响的报道说成了每年 1050 万桶，这是错误的。"搞混 1 天和 1 年两个单位会导致 365 倍的误差。

2.4　总结：推理数字的五种方法

回顾本章中的例子，我们可以看出一些推理数字的方法。

第一，了解一些正确的事实是很重要的——世界上不同的地方有多少人，日常物品有多大或者有多重，某些事情发生的频率，诸如此类。现实生活中的经验有很大作用，你的经验越丰富，相关的事实就越可能在你需要的时候派上用场。互联网是非常有价值的，但你不一定总是能连上网，就算可以，网络上的信息也不一定都准确。

第二，运算不需要很精确，大概的数据和近似计算就够了。如果基本误差是 1000 倍，那么一桶石油是 55 加仑、50 加仑还是 42 加仑的差别就不大，所以我们走捷径也是安全的，将值四舍五入为 5 或 10 的倍数，以便计算，并且计算的时候也可以使用简化法。在实践中，如果一个近似值或估计值过高，另一个就可能过低，因此结果会自动趋于合理。

第三，我们可以从结论反推假设和给定的数据。如果有人声称某个数字是正确的——例如，石油储量可以维持 250 年——这意味着什么？如果这个数字传达的意思是荒谬的或根本不可能的，那就意味着肯定有什么地方出错了，我们可以回溯，找出可能出错的地方。

第四，我们可以检验独立计算或不同来源的数字是否一致。如果某个值可以通过多种方法得出，那么不同方法得到的值应该相当接近，否则一定是出错了。比如我们看到的不同来源的信息都表明，在美国，汽车一年的平均行驶路程大约是 10 000 英里。如果一个数据说平均路程是 1000 英里，而另一个数据说平均路程是 100 000 英里，那就至少有一种说法是错的。

第五，也是最重要的一点，我们可以利用大脑思考。我们不能只看到数字的表面数值，或者不经审视就接受这些数字。我们可以思考它们是合理还是不太可靠。只要稍加练习，这个过程就会变得更加容易，我们也就能更自信地做出自己的估计，也能更自信地判断报纸、电视、广告商、政客、政府机构、博客和其他网站等信息源的数据是否正确。

第3章

如何快速理解巨大的数字

zillion：表示非常大的数字。这个术语是通用词，没有明确的数学意义。

（Wolfram.com）

像百万、十亿和万亿这样的词对大多数人（包括我自己）来说都没有直观的含义，因此我们倾向于把它们当作"大""非常大"和"非常非常大"的同义词。多年来，我收集了数百个例子，在这些例子中，报纸报道或杂志文章用错了这些单词。事实上，人们可以在网上搜索"数百万，而不是数十亿"之类的信息，可以得到一长串的更正文章；大概还有很多没有得到纠正的信息，但根本没有人注意到。

这些表示"大数"的单词往往出现在商业和金融（一大笔钱）、政府（大预算和大赤字）、政治（大承诺）和社会问题（大人口和大问题）中。在这一章中，我们会看到一些例子，探讨如何缩减这些数字并赋予它们一些意义。

3.1 对数字麻木

2008 年 9 月，在美国金融危机最严重的时候，一个名为 T. J. 伯肯迈尔的博主发表了一篇文章，提出了一个有趣的想法，他称之为"伯肯经济复苏计划"，在这里我们一字不差地摘录下来：

> 我反对美国国际集团 85 000 000 000.00 美元的紧急援助计划。我赞成把这 85 000 000 000 美元当成'我们应得的分红'发给我们。为了简化计算，让我们假设 18 岁以上的合法美国公民有 200 000 000 名。算上每个男人、女人和孩子，我们的人口是 301 000 000 左右，所以假设 18 岁以上的成年人有 200 000 000 名是相对公正合理的。因此，用 850 亿美元除以 2 亿名 18 岁以上的成年人就等于 425 000.00 美元。

伯肯迈尔的计划引起了许多人的共鸣，他们对金融机构完全未能履行受托责任感到愤怒，这篇博客文章也在网上疯传。下面的评论是典型的反应（也是一字不差地摘录下来）：

28

有时，立法者和经济学家在有常识的普通公民面前看起来就像一年级的小学生。这就是一个很好的例子！

我实在是太喜欢这个计划了！

有趣的想法。当然，政客们绝不会做这种合乎逻辑的事情。

完美的解决方案。听起来很合理，你不觉得吗？

我明天会投票给这个可爱的人！

咄！对我来说似乎是毋庸置疑的事情！

这是一个好主意！！我不知道这个伯肯是谁，但我会投票选他当总统。

其他读者根据自己的计算给出了不同的评价：

这计划行不通的真正原因是数字算错了。850亿除以2亿等于4250。

无论写这个计划的人是谁，他都需要买一个计算器。完全不是每人42 500美元……2亿人每人42 500美元，相当于8.5万亿美元。

少部分评论者既仔细阅读了这篇文章，又做出了正确的计算：

呃，自己算算吧，只有 425 美元。大家可以散了。

伯肯迈尔自己澄清道：这一切都是一个实验，一个成功地证明了他的观点的实验：

> 我想知道有多少人真的会自己去算一下。所以我把下面的信息随机发给了 100 个朋友。我想知道有多少人会发现我故意多加的三位数……只是三个小小的 0。到目前为止，只有两个人真的自己去算了并且告诉我这个错误。……所以我究竟想表达什么？我认为我们都对数字麻木了。而且，很少人（即使是非常聪明的人）会自己去算。

"对数字麻木"这个表达很好地描述了我们许多人面临的问题——要判断的数字太多了，以至于我们忽略了它们，或者只看它们的表面值，而不去思考。即使我们有时间和兴趣，算错了也会导致问题更复杂。

因为大的数字不够直观，我们需要把它们缩小到一定的范围，让人们有机会更好地理解它们。

3.2　我的份额是多少?

想要缩小国家债务或公司收购成本这类大数字，有个好方法是将其表示为每个人或每个家庭需要承担的金额。例如，2010 年 10 月 24 日，《纽约时报》的一篇社论称"年度预算赤字为 13 亿美元"。我们将单位进行转换（billions 转换为 millions），把 $1.3 billion 转换成 $1300 million（同样是 13 亿美元）。如果当时有 3 亿（300 million）美国人，我的赤字份额（如果你住在美国的话，这也是你的赤字份额），就是 13 亿（1300 million）除以 3 亿（300 million），或者 1300 除以 300，也就是 4 美元多一点。

因此，我提出了减少甚至消除赤字的两项计划。首先，我们可以设定一个"不喝花式咖啡日"。这一天，每个人都别买昂贵的咖啡和松饼，省下 4 美元寄给政府。每个人只是在一天内做出了一点无关痛痒的小牺牲，就能够消除赤字。

或者，我们可以找一些热心公益的亿万富翁，比如那些在金融危机期间表现出色的银行家或对冲基金经营者，他们愿意自己出钱弥补这些赤字。

我的计划出了什么问题？这里，可以问问自己："这对我个人来说意味着什么？" 4 美元这个数字很小，对个人来说是可以接受的。但这完全不合理——如果赤字问题能那么容易解决的话，早就解决了——所以一定出错了。当然是有问题的，这次的单位其实是万亿（trillion）而不是十亿（billion）：赤字是 1.3 万亿美元，也就是每人 4000 美元，让我们每个人都自愿把这么多钱寄给政府几乎是不可能的。

我们再看一个例子。如果美国的财政预算是 3.9 万亿美元（2016 年的时候差不多是这个数），而美国有 3 亿人，那么每个人的预算份额就是 3.9 万亿 / 3 亿。如果单位相同，计算起来会更容易，所以先把万亿换成亿：3.9 万亿等于 39 000 亿，除以 3 亿，得到每人 13 000 美元。如果典型的家庭有四口人，那就是每个家庭 52 000 美元。

你能想象完全由自己支付这一份额吗？从某种意义上说，我们确实支付了，通过个人税和公司税结合的形式支付，尽管每个人负担的税费不一样。但至少平均水平似乎在这一范围内，这是一个好迹象。

当然，如果你想计算的话，你必须知道涉及的人数有多少；所以我们要知道一些大概的数字，比如世界人口总数（2017 年大约 75 亿）、你的国家人口总数（中国 14 亿，欧盟 7.5 亿，加拿大 3600 万）、你生活的州或省有多少人（比如，加利福尼亚州 4000 万，安大略省 1400 万），或者你居住的小镇或城市有多少人（普林斯顿 3 万，博尔德 10 万，旧金山 80 万，伦敦 900 万，北京 2200 万）。所有这些数值都是在变化中的，并且是近似值，但它们足以用来推理你个人在过去或未来至少几年里承担的预算、赤字、税收等份额。

2007 年 8 月，《纽约时报》称，2000 年至 2005 年，所有美国人的收入为每年平均 74.3 亿美元。这合理吗？假设有 1 亿个美国家庭，那每个家庭的平均收入就是 70 亿美元除以 1 亿，也就是每个家庭大约 70 美元，即使在经济危机时期，这也显然是荒唐的。最初的数字应该是 7.43 万亿美元，所以美国家庭的平均收入应该是 70 美元乘以 1000 倍，也就是 7 万美元，这个数字看起来很大，但误差可能在 2 倍以内。（第 9 章解释了为什么数值范围大的时候，这样计算收入的平均值可能不是最佳方式。）

当然，美国不是世界上唯一存在金融问题的地方；欧盟也得救助几个经济疲软的国家。同样的大财务数字和大错误出现了。《纽约时报》2010 年 5 月 25 日的报道称，救助金是"7500 亿欧元，而不是 7.5 亿欧元"。欧盟的人口约为 7.5 亿，如果救助金真的是 7.5 亿欧元，也就是说只需要每人一欧元的话，那么安排起来并不困难。

最后一个例子，我最近访问的一个网站说："美国人每年花费 17 亿美元治疗慢性疾病。"看起来我们每人每年要为慢性疾病支付大约 5 美元，对吧？在大多数国家，治疗慢性疾病的费用占了医疗卫生费用的大头，当然在美国也是如此。在美国，关于医疗卫生资金来源的意识形态争论不绝于耳、激烈不已。如果每人每年的花费只有 5 或 10 美元，也许争论很快就会消停。但不幸的是，费用是 1.7 万亿美元，而不是 17 亿美元。如果每个人的支出是每年 5000 或 10 000 美元，这个数字当然大到值得争论，你可以看看医疗支出和年收入及税收的大致关系。

3.3　金融大数字

金融行业存在海量的大数字，金融公司每年出售价值几十亿美元的商品和服务，它们本身的交易价格也高达几十亿美元。富豪们家财万贯，身价以十亿为单位来衡量——2017年《福布斯》(*Forbes*)全球亿万富翁名单上有2043个人(2010年为937个)！我上一次看的时候，亚马逊的创始人杰夫·贝佐斯身家近1300亿美元，比尔·盖茨身家900亿美元，沃伦·巴菲特身家大约840亿美元。现在他们的身家可能已经更高了。

我没有立即成为亿万富翁的风险，事实上我离成为有钱人还远得很，我想你也是吧，但评估大的财务数字时，我们同样可以使用"这对我个人来说意味着什么"的推理方式，即使我们当中很少人可能拥有这样一大笔财富。

《纽约时报》2006年5月的一篇文章称，《费城询问报》(*The Philadelphia Inquirer*)和《每日新闻》(*Daily News*)的预期出售价格为60万美元。我自己付不起那么多钱，但这个价格显然是一些普通人也能承受的，而且，如果可以说出"没错，《费城询问报》是我的"这种话，那你的形象会变得更加崇高，因为《费城询问报》是1829年开始发行的一份受人尊敬的报纸。正如你怀疑的那样，该报的售价应该是6亿美元，这粉碎了我建立媒体帝国的希望。

2008年2月，Media DailyNews网站的"媒体论坛"专栏称，聚友网（MySpace）的估值为 1000 万美元，大多数人是买不起的，但一些富裕的朋友可以。之后数字修正为 100 亿美元。问问你自己："我买得起吗？"这通常是一种很有用的纠正方法。

当然，聚友网在那之后不久经历了一段艰难的时期，仅仅几年后就以 3500 万美元的价格卖了出去，所以也许最初的文章是有先见之明的，而不是存在 1000 倍的误差。

2005 年，《每日商业》（*Business Day*）上一篇关于威瑞森（Verizon）公司股价的文章称，沃达丰（Vodafone）希望它持有的威瑞森无线的 45% 股份能卖到 2000 万（20 million）美元。这与 2008 年发表的一篇文章一致，该文章表明威瑞森 2007 年的收入为 9340 万（93.4 million）美元。虽然在推理数字时，各个来源的数据基本一致是件好事，但不幸的是，这两个数字的单位都应该是十亿（billion），而不是百万（million）。

在一些例子中，你听说过的大公司价值低得离谱，反之，你从未听说过的公司价值却非常高。例如，2010 年 3 月，美联社在《西雅图时报》（*Seattle Times*）上发表了一篇关于索尼克（Sonic）公司（这根本是个没听过的公司）的报道，上面说该公司的总收入为 1128 亿（112.8 billion）美元，远远高于你可能接触过的其他几家西雅图公司（微软和亚马逊）的收入。随后发布的更正中，索尼克的收入降到了 1.128 亿（112.8 million）美元。

举个离我更近一点的例子，2008 年，我家地方小报上的一篇报道称，附近的一家兽医诊所"每年的营业额估计是 1800 万美元左右，而不是 180 亿美元"。它引起了我的注意，因为我的猫曾在那里接受过治疗。这家诊所看起来不像一个价值几十亿美元的企业，尽管它当时确实收了我一大笔医疗费。

3.4 其他大数字

并不是所有的大数字都跟金钱有关。例如，2008 年 3 月，《纽约时报》说："（在印度）依靠动物粪便和木柴生火做饭的人数大约是 7 亿，而不是 70 万。"对于不太了解印度的人来说，这两个数字似乎都令人吃惊，他们可能以为真实数字会介于70 万到 7 亿之间。

大约在同一时间，一篇报道"误报了南美洲天主教徒的人数。应该是 3.24 亿，而不是 32.4 万"。考虑到南美洲大部分地区住的都是西班牙人和葡萄牙人的后裔，而这两个国家又都是天主教国家，32.4 万这个数字似乎不太可能。

物质世界产生了许多大大小小的数字，因此又是一个容易出错的地方。了解一些确定的事实是很有帮助的，比如宇宙的年龄（大约 140 亿年），地球到月球的距离（24 万英里，即 38 万千米），地球到太阳的距离（9300 万英里，即 1.5 亿千米），环绕世界的距离（25 000 英里，即 40 000 千米），以及横穿美国的距离。光速（每秒 186 000 英里，即 300 000 千米）和声速

（1120 英尺/秒，即340 米/秒）也是需要记住的有用的数值。

"现在科学家们说宇宙大爆炸发生在137 亿年前，误差在1.5 亿年左右——而不是15 万年左右。" 2006 年1 月，《旧金山纪事报》（*San Francisco Chronicle*）一篇关于银河系中两颗恒星的文章表示，其中一颗恒星的年龄是3 亿年，而不是3000 亿年。如果你知道几个关键值，你就可以更容易发现哪个数字存在较大的倍数误差。

一个提醒：倒推和增大缩小是极有用的工具，但它们不能发现所有的数字问题。例如，2018 年2 月27 日，《纽约时报》刊登了一篇更正文章："周日一篇关于沃伦·巴菲特致伯克希尔股东的年度公开信的文章，错报了2017 年伯克希尔·哈撒韦公司的账面价值。该公司的价值涨到了3480 亿美元，而不是3580 亿美元。" 虽然金额很大，但误差率（不到3%）太小了，一般的读者都看不出来。好在《纽约时报》很谨慎，会修正哪怕是很小的错误。

3.5 可视化和图形化解释

记者喜欢用视觉意象来传达对物品大小或规模的印象，就像下面这个例子一样。2000 年8 月，《纽约时报》描述了一起大规模召回缺陷轮胎的事件："如果目前召回的650 万个凡士通轮胎垂直堆放在一起，它们叠成的柱体将有949 英里高。"

这个计算准确吗？我们可以验证一下。如果轮胎都堆放在一边，每个轮胎都是一英尺厚，那么 650 万个轮胎就有 650 万英尺高。我们可以用 650 万除以 5280（英尺和英里的转换）或者简化为 600 万除以 5000，都将得到约 1200 英里。如果轮胎厚 9 英寸，那么高度就会达到 1200 英里的 3/4，也就是 900 英里。因此计算是正确的，尽管有一些过分精确了，我们在第 8 章会讨论这一点。

我不认为像这样的视觉意象是有用的，它们只能给人一种这个数字"很大"或"真的很大"的印象。毕竟，你脑海中能想象出 949 英里的图像吗？而且还是 949 英里高?（见图 3.1）

将数据可视化到容易引起共鸣的程度则很有用。不要转化为轮胎塔这样荒唐的事物，我们可以说："一共有 3.3 亿人和 650 万个召回的轮胎，也就是说每 50 人中就有一个人的轮胎

图3.1　轮胎的堆叠

被召回。"这很直观——如果我们在一辆有 50 人的公交车、商店或教室里,其中一个人的轮胎就会被召回。

视觉化预设使用的图像人们都很熟悉,但事实并非总是如此。一篇电视新闻报道描述一艘船有"近三个半橄榄球场那么长",这个本土说法在美国以外不太能引起共鸣,用"近 350码(320 米)长"来形容可能会更好。

美国很流行用橄榄球来作类比。一篇介绍开车时发短信的危险的文章报道称:"发送或接收短信的司机往往会把目光移开道路 5 秒钟。这段时间足以让他们的汽车高速行驶过一个橄榄球场(football field)那么长的路程。"如果你不知道一个橄榄球场有多大,你就无法知道开车时别发短信究竟重不重要。(当然,不管橄榄球场有多大,把你的目光从道路上移开 5 秒钟都不好。)我们也可以说,因为"football"这个单词在世界上的大部分地方指的都是美国人所说的足球("soccer"),而足球场只是比橄榄球场稍微大一些,所以这里理解为足球场还是橄榄球场无伤大雅。

3.6 总结:把大数字缩小更直观

2002 年诺贝尔经济学奖得主、《思考,快与慢》的作者丹尼尔·卡内曼曾经说过:

> 人类无法理解非常大或非常小的数字。对我们来

说，承认这一点是有用的。

　　理解大数字最有效的方法之一就是试着将其缩小，例如，计算这个大数字中你个人所需要承担的份额，或者问问自己这个数字对你的家庭或你所在的其他小团体有什么影响。没有人能对一个数万亿美元的预算产生共鸣，但说预算中你的个人份额是 3000 美元多一点是很直观的。

　　大数字可视化的效果参差不齐。有些效果很好，但在很多情况下，它们只是简单地用同样不直观的图像来代替不直观的数字，比如一堆轮胎或一次月球之旅。如果是基于一定文化背景做出的可视化，比如橄榄球场，且其他文化背景的人并不能很好地理解，那么它们就没有多大效果。

第 4 章

如何看懂科技超大数

一个泽字节等于 10 亿太字节：1 后面有 21 个 0。一个泽字节相当于 1000 亿份国会图书馆的所有藏书。

（《纽约时报》，2009 年 12 月 10 日）

技术产生大量大数字，其中很多都用不常见的单位表示，所以还有另一组"大"的词：兆、吉、太是日常用语，而更大一些的词，如 peta（拍它）和 exa（艾可萨），现在也经常出现在公众视野中。电脑和智能手机非常普遍，所以我们都习惯了看到 GB（吉字节）和 MP（兆像素），但是由于这些单位的前缀通常形容的是像字节这样不可见的实体，所以与我们更熟悉的十亿（billions）和万亿（trillions）相比，我们对这些术语没什么概念。

把这些前缀放在同一尺度上比较，kilo 是 1000，mega 是 100 万，giga 是 10 亿，tera 是 1 万亿。科技在不断进步，如果你想为未来做好准备的话，接下来要熟悉的单位依次是 peta（拍它，10 的 15 次方），exa（艾可萨，10 的 18 次方），zetta（泽它，10 的 21 次方）和 yotta（尧它，10 的 24 次方）。每一个都比前一个大 1000 倍。

同样，计算机速度太快，内部零件太小，以至于平行宇宙中出现了更陌生的关于小数量和小规模的前缀：毫（milli）、微（micro）、纳（nano）和皮（pico），分别是 1 的千分之一、百万分之一、十亿分之一和万亿分之一。这些前缀通常用于描述长度和时间，比如毫米和纳秒。

由于我们大多数人对这些数字没有什么直观感觉，也不知道它们是基于何数据算出来的，我们只能任由提供这些数据的人摆布。下面是几个具有启发性的例子。

4.1　一本电子书有多大？

几年前，人们在圣诞节前热议亚马逊的 Kindle 和其他新推出的电子书阅读器，说可以把它们作为圣诞礼物，同时也有人猜测苹果会推出一款平板电脑。（苹果平板电脑于 2010 年 1 月底发布，但直到 3 月份才推向市场。）2009 年 12 月 9 日，《华尔街日报》称，巴诺书店的 Nook 电子书阅读器拥有 2GB 内存，"足以容纳大约 1500 本电子书"。一天后，《纽约时报》称 1 泽字节"相当于 1000 亿份国会图书馆的所有藏书"。

幸运的是，当时我刚开始为我的学生设计期末考试试题，所以这些科技数字的组合是上天赐给我的礼物。在考试中，我问："假设上述这两种说法是正确的，粗略计算一下国会图书馆有多少本书。"

这只需要直接计算就可以了，尽管是大多数人不擅长的很大的数字。0太多的时候，大脑就会拒绝配合。把它们全部写出来（"1后面有21个0"）可能会有帮助，但很容易出错。我们很快就会看到，像10^{21}这样的科学记数法更好，但是像泽它这样的单位，除了极少数人之外，其他人完全不了解，所以对大多数人来说就是没有任何意义的。

既然直觉在这里没有帮助，就让我们仔细算一算。按照《华尔街日报》的说法，1500本书是2GB（20亿字节），这意味着一本书超过了100万字节。按照《纽约时报》的说法，1000亿份就是10^{11}份；将10^{21}个总字节除以10^{11}份得出一份藏书中大约有10^{10}个字节。如果每本书是10^6个字节，那么（用10^{10}除以10^6），我们就可以得出结论，国会图书馆应该容纳大约10^4本书，也就是10 000本书。（如果你对指数和科学记数法的使用不熟悉，可以看下一节，下一节会有更多的解释。）

10 000本书这个估计是合理的吗？除了盲猜之外，我们还可以检验数字，这就引出了试题的第二部分："你计算出来的数字看起来是太大了、太小了，还是差不多？为什么？"当然，如果一个人没有算对，一切就很难说了。许多学生就陷入

图4.1　10 000本书？国会图书馆的一座大楼

了这种困境，算出来的错误数值小至分数、大到千万，还得证明它们是正确的。

那些计算正确的人情况会好一些，但有些人仍然难以确定自己算出的数字是否合理。显然，即使是相对较小的大数字也很难想象，因为有相当多的学生认为一个大图书馆有 10 000 本书是合理的。其中一个学生的回答是："我猜就连普林斯顿大学的图书馆也有超过 10 000 本书。"当然，这确实是正确的，但这个答案不好——甚至我的办公室里都有 500 多本书，而且我敢说我的很多更热爱学术的同事都有几千本书。所有学生都很熟悉的大学图书馆坐落在校园中心的一幢大楼里，它的藏书就有 600 多万册。

一本书到底有多大？1 太字节，甚至 1MB 又有多大？这里有部分答案。在最常见的文本中，一个字节包含一个字母字符。简·奥斯汀的《傲慢与偏见》大约有 9.7 万个单词，55 万个字符，所以一本纯文字的书，比如爱情小说或传记，大约 1MB 大，而 1GB 可以容纳 1000 本类似大小的书。（图片占用更多空间，每张图片从千字节到兆字节不等。）《华尔街日报》的计算是合理的，但相比之下，《纽约时报》的报道就大错特错了。

现在我们来评估一下这三种关于电子书大小的说法：

钦定版《圣经》的文字处理文件可能会占用不到 500 千字节的内存。

只算文本的话，每 GB 可以容纳 2000 本《圣经》大小的书。

像微软 Office 系列软件这样的程序，占用了大约 1 本厚书容量的硬盘内存。例如，微软的 Office Small Business 版软件仅占用 560MB 的空间。

《圣经》可比《傲慢与偏见》长得多，它有近 80 万单词，或者说大约 4.5MB 的纯文本，可以称得上是一本厚书。因此，前两种说法一致，但是有些乐观了。（数据压缩技术可以减少所需的字节数，但不能完全减少到 500 千字节。）然而，第三个说法存在 1000 倍的误差，因为 560MB 的微软 Office 办公软件应该占用差不多 500 本厚书那么大的磁盘空间。

顺便说一下，根据美国国会图书馆网站的数据，国会图书馆大约有 1600 万本书和 1.2 亿件其他物品。再跟大家说个趣事，这个关于电子书阅读器的报道想帮助读者想象国会图书馆里有多少本书：它将是"覆盖美国大陆和阿拉斯加的七层教科书"。你自己判断这个说法是否准确（忽略它是否够直观）。不过，你首先想一想，1 平方英里远超 2500 万平方英尺，而一本教科书并不比你平时阅读的书大多少。

4.2　科学记数法

数字特别特别大时，新闻媒体就会使用多个单位加以说明。比如，《纽约时报》在 2008 年 3 月的一篇更正文章中说："拍它次可以表示为每秒 1000 万亿次指令，而不是 100 万亿次指令。"引用 2007 年 12 月的《计算机世界》(Computerworld) 的说法："到 2010 年，仅私营行业的电子档案就将占用 27 000 拍字节 (petabytes)（270 亿 GB）。"或者，2017 年 6 月时的下列说法：

根据欧洲核子研究委员会的研究，人类长期寻找的标准模型的基石——希格斯玻色子，重达 1250 亿电子伏特，相当于一个碘原子的重量。但根据理论计算，这一数值轻到离谱。希格斯玻色子的质量应该是它的几千万亿倍。

不仅使用了多个单位，还混合使用像十亿和万亿这样的常规大数字，以及像千万亿（quadrillion）这样更罕见的数字单位，还有技术单位吉咖（giga）和拍它！可怜的读者该怎么办呢？

处理大数字的一种方法是把它们完整写出来，而不使用"百万"和"十亿"这样的计数单位。一百万是 1 000 000，十亿是 1 000 000 000。除此之外，和《纽约时报》所写的一样："一个泽字节等于 10 亿个太字节：1 后面有 21 个 0。"（"21"是 10 亿的 9 个 0 和 1 万亿的 12 个 0 相加而得的。）

在科学记数法中，我们用 10 的幂来表示 1 后面的 0 有几个。使用这种记数法，1000 就是 10^3，也就是 10 的三次方，或者说三个 10 相乘（$10 \times 10 \times 10$）。同样地，100 万是 10^6，10 亿是 10^9，1 万亿是 10^{12}，也就是 10 的十二次方，或者说十二个 10 相乘。10 的幂相乘，比如 10^9 乘以 10^{12}，就把指数相加：$10^{9+12}=10^{21}$。对于除法，则将指数相减：10^{21} 除以 10^{11} 等于 10^{21-11}，也就是 10^{10}。

这样做简单、简洁，而且没有大的计数单词或数零那么容易出错。例如，在 2003 年揭露电信行业崩溃的《电信市场争夺战》（*Broadbandits*）这本书中，作者说 6.5 太比特每秒的数据传输速度比 56 千比特每秒"快了 100 万倍"。100 万倍对吗？比较 6 太比特（6 乘以 10^{12}）和 60 千比特（60 乘以 10^3，即 6 乘以 10^4），很容易看出正确的倍数接近 10^8，即差不多 1 亿倍。

然而，遗憾的是，许多人不习惯科学记数法，所以在日常生活中不怎么使用它，而它的用途本来可以很广。

有时科技会阻碍清晰的表达：报纸似乎无法打印上标。《纽约时报》2007 年 12 月的一篇报道称，对计算机来说，国际象棋比国际跳棋更难掌握，因为国际象棋有 1040 到 1050 种可能的棋子排列方式，而国际跳棋则有 1020 种。听起来差别不大，对吧？但是正确的显示方式应该是这样的：国际象棋有 10^{40} 到 10^{50} 种排列方式，而国际跳棋有 10^{20} 种排列方式。现在我们可以很容易看出国际象棋和国际跳棋之间难度的区别：国际象棋比国际跳棋难 10^{20} 到 10^{30} 倍，也就是（如他们所说）1 后面有 20 或 30 个 0：1 000 000 000 000 000 000 000 000。够清晰了吗？

这些倍数非常大。假设一台计算机每秒能计算出 10 亿（10^9）个国际象棋的位置——这对于今天的家用计算机来说已经够快了，但对于超级计算机来说还不够。一天有 86 000 秒，一年有约 3000 万（30×10^6）秒。如果计算机一年可以检查 10^9 乘以 30×10^6 个位置，也就是 3×10^{16} 个位置，那么就需要花费 3000 年的时间来评估 10^{20} 个位置；10^{30} 个位置就需要 100 亿（10^{10}）倍的时间。

4.3 没有逻辑的单位

马体内兴奋剂的含量是 41 皮克（picograms），而不是 'petragram'。一皮克是一克的万亿分之一；根本就没有 petragram 这个单位。

（《纽约时报》关于赛马中使用兴奋剂的报道，
2008 年 8 月 6 日）

有些单位太不常见了，或者（比如技术方面的单位）听起来很相似，人们很容易无意中搞错它们的名称，从而给读者带来困惑。有一年的圣诞节，我妻子给我看了肯·奥莱塔（Ken Auletta）写的《谷歌：我们所知道的世界末日》（*Googled: The End of the World as We Know it*）。这本书生动地讲述了过去几十年里最成功的科技公司之一的历史，并对其做出了评价。然而，文章的最后一句说谷歌存储了 "24 个 tetabit（大约 24 千万亿比特）的数据"。

《纽约时报》可能又要说了，根本没有 "tetabit" 这个单词；如果 "千万亿"（10^{15}）是正确的，那么这里的单词应该是 petabits（拍比特），因为 peta 等于 10^{15}。这让我想到了另一个问题："假设这个单词应该是 petabits，那么谷歌能存储多少 gigabytes（吉字节）？" 要回答这个问题，我们需要将拍比特转换为吉比特，然后将比特转换为字节（1 字节等于 8 比特），从而得到 300 万吉字节。但是 "tetabit" 与另一个有效单位

terabit（太比特）之间也只有一个字母的差别，因此问题的后半部分是：“如果这里的 tetabit 应该是 terabit，那么谷歌能存储多少 gigabytes（吉字节）？”我把这个简单的练习题留给大家解答。

顺便提一句，关于谷歌的这篇文章发表于 2009 年。技术进步很快，用不了多久，我们就会以艾字节（exabytes）计算储存空间，毫无疑问，未来我们会经常看到“1 后面 18 个 0”这种数字的报道。

4.4 总结：将超大数转换成指数更容易理解

技术领域中代表大数字和小数字的前缀——兆、吉、纳等——与传统的大计数单位，如百万和十亿有相同的问题：它们不能带来对大小的直观感觉，只是一个相对大小的模糊印象。同时，它们不太常见，所以产生的印象更不可能传达准确的意思。

熟悉这些计数单位是有用的，熟悉并适应科学记数法，使用指数而不是计数单位或一长串的 0，这样这些数字会更有意义和更容易理解。当你看到像“百万百万万亿”这样的复合单位时，花点时间把它们转换成指数，这样对于它的大小你更容易有个精确的印象，更容易进行大数字的计算。

第 5 章

数字正确单位错误更荒谬

美国人每天收到将近 200 万吨垃圾邮件。

（报纸专栏"亲爱的艾比"，1996 年 1 月）

尽管无纸化社会已经到来，并且垃圾电邮多得不得了，但我家仍然每天都能收到大量的纸质垃圾邮件。但是，每天 200 万吨听起来还是太多了。"亲爱的艾比"这一说法合理吗？我们来思考一下它是否正确。

5.1 正确使用单位

我们可以从第 3 章的问题开始：这对我个人有什么影响？200 万吨等于 40 亿磅。如果 1996 年有 3 亿美国人，那么每人每天就会收到超过 13 磅垃圾邮件。

这似乎不太现实，想想乔我就觉得更不可能了。乔是一个从业许久、认真尽责的邮递员，他忠于职守，已经为我家送了近 20 年的邮件。按照艾比的说法，我和我妻子每天会收到 26 磅邮件，这个数值显然太大了。

这似乎是一个使用错误单位的典型失误——比如该用桶却用了加仑，该用米却用了千米，该用分钟却用了秒，该用月或年却用了天。具体的数字可能是正确的，但如果用了错误的单位，最终的值就是错误的。

我怀疑这就是问题所在：要么是时间单位错了，要么是重量单位错了。例如，我们假设"200 万吨"是正确的，但原文的"每天"应该是"每月"或"每年"。一个月 13 磅就是每天 6 到 7 盎司，这个数字看起来还是很大。但是一年 13 磅，大概是每人每天 0.5 盎司，对一个两口之家来说是 1 盎司。这个数值可能有点小，但也并非不合理。

也有可能"200 万"是正确的，但这里的"吨"应该是"磅"。200 万磅等于 3200 万盎司；除以 3 亿，那就是每人每天约 1/10 盎司。这个值似乎小了，但也不是小得荒谬，因此它可能是合理的。我相信还有其他的可能性。

想想我们刚刚是如何推理的。将原文中的大数转换成较小的数字，以表示其对我们个体的影响。如果这个数字显然是错的，那就想想最初的表述可能存在什么问题，然后研究可能是哪里出错了，看看简单的改动是否能使原来的表述变得合理，得出一个更可能的答案。

5.2 倒推

根据结论倒推检查数据和假设是否正确是非常有用的，这种方法适用于许多情况。我们再来看一些例子。

> 晚上关掉你的电脑和显示器，不要 24 小时都开
> 着，这样一天就可以节省 88 美元。

> （《纽瓦克星报》，2004 年 12 月）

这篇报道发表的时候，最常见的计算机显像管是阴极射线管（CRT）。关掉显示器显然不只是听起来很美，还能避免我们破产。如果电脑运行半天的电费真的要 88 美元，那没几个人会买电脑，因为光是每年的电费加起来就超过 30 000 美元了。即使是 2004 年那个时候，这个数字也不可能是正确的。

在我居住的地方，电价大约每度 10～15 美分，知道了电价是多少，以及一台电脑和显示器的功率为多少（通常 100～200 瓦，即 1/10 到 2/10 千瓦，相当于两三个白炽灯泡的功率），你就可以算出显示器每运行 1 小时要花费 1～2 美分。一台电脑和显示器每天运行 10 个小时，一年的电费大约需要 80 美元。显然，原始报道中的时间单位应该是"每年"，而不是"每天"，事实的确如此，几天后《纽瓦克星报》发表了一篇更正文章，明确指出了这一点。

2004 年 11 月，《伦敦时报》（*London Times*）的一篇报道

称，美国国家航空航天局的一架喷气式飞机可以在 10 秒内飞行 850 英里，即每小时 7000 英里。10 秒 850 英里显然和每小时 7000 英里不一致：如果速度是 10 秒 850 英里，那飞机 1 分钟能飞 5000 英里，因此 1 小时能飞 30 万英里。报道接着说，一架速度可达 10 倍声速的飞机即将在太平洋上空试飞，可能是想研制一种不到一小时就能从洛杉矶飞到平壤的"极声速"巡航导弹。声速是每小时 700 英里以上，所以导弹速度达到每小时 7000 英里是完全可能的。

顺便说一下，你可能小时候就学会了在雷雨期间估计雷击处距离自己多远：闪电和打雷之间的间隔每多 5 秒，你和雷击处的距离就多 1 英里。这是对的，因为声速是每小时 720 英里，相当于每分钟 12 英里，因此 5 秒内雷声到你之间的路程就为 1 英里。

一架客机 10 秒飞行 850 英里意味着什么？这肯定会减轻坐飞机的痛苦。想象一下你在伦敦坐飞机，飞机起飞了，40 秒后传来广播："请系好安全带。几分钟后我们就要在纽约着陆了。"

每小时 7000 英里的速度对于导弹来说是合理的，但是商用飞机远没有这么快。普通飞机的飞行速度为每小时 500 到 600 英里，而超声速商用飞机的最高速度为每小时 1300 英里，几乎是声速的两倍。

所以 1993 年 9 月，《曼彻斯特卫报》（*Manchester Guardian*）

上的一篇报道让人心生困惑，该报道称："（波音747飞机）是一种交通工具，一种人造物件，能够以每小时超过2000英里的速度在跑道上飞驰，然后升入空中。"波音747飞机起飞的时候确实很壮观，但它的起飞速度应该是每小时200英里左右。

另一方面，我们看看地面上的一个例子。2005年，纽约市想出售老化的威利斯大道桥，该桥横跨哈莱姆河，连接曼哈顿和布朗克斯。它的售价仅为1美元，市政府甚至可以在15英里范围内免费送货。遗憾的是，没有人购买，所以它最终被拆毁了。

当时的一篇报道对桥上的车流量进行了分析：这座桥每年只有7.5万辆车在使用。让我们来算一算，这意味着每天大约

图5.1　每小时2000英里？

有 200 辆车通行，或者说每 5 分钟通行的车还不到一辆，这个交通利用程度是非常低的，毕竟纽约是个拥有至少 800 万人口的城市。不出意料的是，几天后报纸就进行了更正：桥上的车流量是每天 7.5 万辆，而不是每年。

人们不太熟悉一些科学单位，因此很容易出错。例如，我曾经看过一篇文章，讲的是使用电击疗法来治疗有严重行为问题的儿童。报道说，儿童接受的电流从 15 到 45 安培不等。在家里不要尝试！正确的单位应该是毫安，也就是 1/1000 安培。正如维基百科所说，30 毫安的电流足以引起心室纤维性颤动，而 30 安培会让人立即丧命。

再来看一则轻松点的报道。几年前，《纽瓦克星报》曾对当地酒吧——蒙特克莱尔的蒂尔尼酒馆进行过报道，在特价狂欢时段，该酒吧的一大壶（pitcher）啤酒只要 1.25 美元。一壶啤酒通常有 60 盎司，也就是几升。这个价钱能喝那么多啤酒，我肯定是开心的，至少会开心一阵子。后来报纸纠正了价格，1.25 美元是 16 盎司 /1 品脱（pint）的价格，而不是一壶啤酒的价格——这仍然很便宜，但大约是最初价格的 4 倍。

5.3 总结：小心再小心

搞错单位就像搞错百万（million）和十亿（billion）一样容易。个别误差的影响可能会小一些——搞错日和年产生的误差"仅仅"是 365 倍，然而搞混磅和吨的误差是 2000 倍，英尺和英里是 5280 倍。("科罗拉多斯普林斯的海拔是 6000 英尺，而不是 6000 英里。")

有时候，单位的误差会产生严重的后果。1999 年，火星气候轨道器在火星大气层解体。原因是探测器系统软件的部分值使用的是传统的英制单位，还有部分值使用的却是标准的公制单位。这种差异导致计算出来的用于修正轨道的推力是无效值，从而使航天器与火星表面距离过近。

另一个例子是，1983 年，加拿大航空公司的一架航班燃料耗尽，这是因为载油量的计算单位错了，本应为千克但实际上采用的却是磅，结果，飞机上的燃料不到所需的一半。由于仪表故障和一些人为失误，直到飞机在曼尼托巴上空 12 500 米的地方飞行，引擎停止了转动时，这一问题才被发现。多亏运气好和飞行员技术高超，尽管失去了动力且大部分仪器失灵，这架飞机还是在一个废弃的空军基地的跑道上安全着陆。

有时通过反推可以发现单位中的错误。但有些情况下，就像上面描述的两起事件一样，我们除了特别小心之外别无他法。

第6章

关于维度——苹果和橘子不能相加

年轻的公熊可以游荡 60 到 100 平方英里的地方来觅食和求偶,但母熊会待在洞穴附近,在以 10 英里为半径的范围内觅食。

(《纽瓦克星报》,1999 年 7 月 9 日)

很明显,公熊游荡的领地范围很大。公熊走动的面积和更恋家的母熊所走动的面积相比,哪个更大?

让我们来算算。一个半径为 r 的圆的面积是 πr^2,而 π 大约是 3.14,所以一个半径为 10 英里的圆的面积超过 300 平方英里!显然有地方出错了,至少,如果我们相信母熊应该比公熊更接近洞穴的话,那肯定有地方出错了。

问题可能出在哪里呢?

6.1 平方英尺和英尺见方

以英里为单位的半径这样的线性维度和平方英里这样的平

面维度混在一起时，很容易出错。

我们从小就听说不能把苹果和橘子相加（不能把两种完全不一样的物品混为一谈）。我们处理的许多数字都表示一定维度——长度、面积、体积，相结合的数字必须表示相同维度，否则就相当于把苹果和橘子相加。我们不能把英尺和平方英尺相加，也不能比较平方英寸和立方英寸。

好在这样的错误通常很容易发现。比如，《纽约时报》2009 年 5 月刊登了一篇更正文章，将一间房间的大小更正为"30 英尺见方（feet square）——30 英尺乘 30 英尺——而不是 30 平方英尺（square feet），30 平方英尺要小得多"。

的确如此：一间 30 平方英尺的房间大约长 6 英尺、宽 5 英尺。在英语中，表达的时候稍不留神，人们就会搞混"square feet"（平方英尺）和"feet square"（英尺见方），这种错误很常见。在熊的报道刊登的几个月前，我们获悉"利文沃思堡的面积是 8.8 平方英里，而不是 8 乘 8 英里，即 64 平方英里"。《开膛手杰克》（R. M. 戈登，2000 年）一书中写道："受害者都住在 260 平方码的一个小地方。" 260 平方码的面积大约是 16 码乘 16 码。作者想表达的意思可能是 260 码乘 260 码。

对别人表述的面积进行反推，往往能揭示问题所在。2016 年夏天，迈阿密寨卡（Zika）病毒暴发，新闻报道援引美国疾病控制与预防中心主任汤姆·弗里登的话，他说如果新的寨卡病例发生在他所说的指定区域中心的一个 500 平方英尺的区域

- 新鲜上市 -

01

《神知识又增加了：
希腊神话图解百科》

[法] 奥德·戈埃米纳 著
[法] 安娜·洛尔·瓦鲁特斯科斯 绘
都文 译

—

一本书读懂希腊神话。69 位神、英雄和妖怪，
关联 130 余件世界名画、雕塑，解读无处不在
的"希腊神话梗"。

02

《四月樱，九月萩：
花的日本美学探源》

[日] 栗田勇 著
徐菁菁 译

—

读懂"花"，也就读懂了日本文化。每月选取
一种代表性花卉，讲解其在日本历史文化中的
独特意义。紫绶褒章获得者栗田勇作品。

03

《口红：潮流、历史与
时尚偶像》

[美] 雷切尔·费尔德 著
山山 译

—

口红的秘密，远不止色号！90 余幅珍贵的口红
元素绘画、插图、照片，讲述历史与时尚中的
口红往事。

04

《重新发现日本：
500件日本怀旧
器物图鉴》

[日] 岩井宏实 著
[日] 中林启治 绘
沈于晨 译

—

走进《樱桃小丸子》《龙猫》《哆啦A梦》的世界，
昭和时代衣食住行全图解！

05

《真相漂流计划》

[英] 克莱尔·普利 著
姚瑶 译

—

企鹅兰登 2020 年年度重磅好书，《纽约时报》
畅销书，感动 30 国读者。在生命的洪流里，
我们都是彼此的诺亚方舟。

06

《佐野洋子作品集》

[日] 佐野洋子 著
吕灵芝 等译

—

从"顽皮少女"到"睿智老太"，记录一位女
性平凡而潇洒的一生。毛丹青、黎戈等大咖
联袂推荐。

07

《博斯：人类之恶》

[法]纪尧姆·卡塞格兰
著 王烈 译

—

艺术大师博斯收藏级精品画册，
超大开本震撼呈现博斯宇宙。

08

《拉下百叶窗的午后》

[英]布雷特·安德森 著
王知夏 译

—

英伦传奇乐队 Suede 主唱布雷特·安德森回忆
录。从山羊皮乐队生涯到音乐存在的意义，一
次诚挚而沉入的反思。

09

《DK英国皇家
园艺学会家居
植物实用百科》

[英]弗兰·贝利
[英]齐娅·奥拉维 著
王晨 译

—

日常养护的硬技能＋植物陈设的软技巧。
家庭园艺一本通，在屋中实现花园梦。

10

《口袋美术馆：
街头艺术》

[英]西蒙·阿姆斯特朗 著
陈梦佳 译

—

Thames&Hudson 明星套系全新出品，
潮流青年不可错过的街头文化史。

11

《给智人的
极简人类进化史》

[法]希尔瓦娜·孔戴米 等著
李鹏程 译

—

作为智人，你真的了解自己吗？
两小时读懂三百万年。

12

《无隐私时代》

[美]阿奇科·布希 著
郑澜 译

—

你的隐私已经成为你最昂贵的奢侈品，
你该如何看待它。

13

里程碑文库·第三辑

唐克扬 等著
李凤阳 等译

—

聚焦人类文明的高光时刻,
拼合属于你自己的知识版图。

14

《考古通史》

[英] 保罗·巴恩 等著
杨佳慧 译

—

15 位一线考古专家联袂编写,
见证世界考古学的伟大成就。

15

《一旦能放声嘲笑自己,你就自由了》

[美] 梅丽莎·达尔 著
秦鹏 译

—

给"社死"人士的抢救手册,
解救深陷"尴尬恐惧症"的你。

16

《数据如何误导了我们:普通人的统计学思维启蒙书》

[荷] 桑内·布劳 著
冯皓珺 译

—

大数据时代的避坑指南。

17

《如何破解爱因斯坦的谜题:挑战智商的29个推理难题》

[英] 杰里米·斯特朗姆 著
王岑卉 译

—

从常识开始,真正建立逻辑思维;
用哲学概念,提升思辨力。

18

《如何证明你不是僵尸:拓宽思维的28个哲学难题》

[英] 杰里米·斯特朗姆 著
王岑卉 译

—

摆脱浅层次思考,看问题不再"想当然",
学会在两难困境中做出聪明的抉择。

19

《给忙碌青少年讲科学》
（全9册）

[美] 尼尔·德格拉斯·泰森
[英]《新科学家》杂志 著
阳曦 等译

—

霍金科学传播奖得主携 50 位牛津、剑桥等世界名校专家，写给孩子的科学通识教育读本。

20

《欢乐数学》

[美] 本·奥尔林 著
唐燕池 译

—

数学版 What if？400 幅漫画笑爆课堂，让数学从可怕变可爱，从枯燥变有趣！

21

《把宇宙作为方法》

[美] 尼尔·德格拉斯·泰森 著
阳曦 译

—

天体物理学家谈宇宙法则、未来、生死、开放的心态与精神的高处。

22

《生命大趋势》

[美] 威廉·C.伯格 著
吴勐 译

—

40 亿年复杂生命演化全程，了解《生物多样性公约》缔约方大会主题参考读物。

23

《美国自然历史博物馆终极恐龙大百科》

[美] 马克·A.诺雷尔著
黎茵，李凤阳译

—

2.35 亿年 44 个恐龙大家族，一次看完世界知名恐龙博物馆 125 年积淀。邢立达隆重推荐！

24

《终极观星指南》

[美] 鲍勃·金 著
王晨 译

—

天文观测全实践，星空爱好者的终极资源包。

什么是「未读之书」?

从2020年7月起，未读君每月都从当月「未读」新书中精选出**一本最能代表「未读」气质和调性的好书**（定价不低于58元且为首发）作为「未读之书」推荐给大家，与大家一起换个姿势看世界。

「未读」共读Plus会员无需下单就能直接获得这本「未读之书」，还可以参加它的线上共读会，并享受更多独家权益。

如何成为「未读」共读Plus会员?

「未读」共读Plus会员卡，分成体验月卡、半年卡和年卡，分别为59/月、299元/半年、549元/年。

扫码回复"会员"
查看详细会员计划

未读共读Plus会员卡

	档位	单月 体验卡 （限购一次）	半年卡	年卡
	价格（元）	59	299	549
	图书折扣（特殊商品除外）	5.5折	5.5折	5折
	文创折扣		8折	
共读包	会员福利包：每月一本首发新书（定价58元-98元）+1份会员专属文创		✓	
	每月一次共读活动（价值29.9元）		✓	
专属权益	每月一张6元优惠券		✓	
	每月会员专区专属优惠（低至四折）		✓	
	赠送首年12本「未读之书」共读素材包（共计价值118.8元）		✓	
	专属会员群，每月一次新书讲书活动		✓	
特殊权益	新品首发购买权		✓	
	部分特殊版本/独家产品购买权（非会员不享有）		✓	

内，他是不会感到惊讶的。"这就是寨卡病毒的工作方式。"他说，并解释说，一个一平方英里的区域是预防缓冲区。

500 平方英尺有多大？巧合的是，写这节的初稿时，我所在的房间大约长 20 英尺、宽 20 英尺，面积就是 400 平方英尺；如果房间面积是 22 英尺 ×23 英尺，那就是 506 平方英尺。所以，如果 2016 年的夏天我在迈阿密而不是新泽西，寨卡病毒的新病例可能仅会发生在比我房间还小的地方！这无疑会使病毒更容易控制。

显然，弗里登博士想说的（很可能已经澄清了）不是"500 平方英尺"，而是"500 英尺见方"，也就是说，面积为 500 英尺 ×500 英尺，即 25 万平方英尺。一平方英里的预防缓冲区等于边长为一英里的正方形，所以这里没有错误。

6.2 面积

富士 F50fd 相机的传感器比其他大多数相机的传感器大 50% 以上：对角线为 0.625 英寸，而其他相机的对角线为 0.4 英寸。这是一个除了百万像素以外对相机来说很重要的统计数据。

（《纽约时报》，2007 年 12 月 6 日）

我们日常生活中接触到的许多显示器，如电视、电脑和手机，都以单个数字表示屏幕大小，即矩形表面的对角线长度。

这很方便，因为大小只用一个数字来表示，而且如果被比较的设备之间的屏幕高宽比（宽度和高度的比例）相同，这种表示方法就很好用。

相机传感器也是如此，尽管我们看不见它们。数码相机内的传感器是由数百万个微小的感光图像元件（"百万像素"）组成的阵列，用来测量入射光并捕捉其值，之后再转化为图像显示出来。

上面的引文说传感器越大越好，这绝对正确，因为大的传感器收集的光线更多，但引文中的计算是错的，至少如果"大50%"指的是传感器面积的话，那它就是错的。长宽比固定，对角线增加 50%，意味着宽度和长度都增加 50%，因此面积是原来的 2.25 倍。

我是怎么得出这个结论的？面积是长乘以宽，假设原面积是 h 乘以 w，新面积则是 $1.5h$ 乘以 $1.5w$，也就是 2.25 乘以原来的面积。另一种说法是面积增加了 125%：如果原面积是 100 平方单位，那么新面积是 225 平方单位。（倍数和百分比不同，有可能搞混，所以要小心。）

用图表可能更容易看出这一点。图 6.1 中的白色方块为原始方块；灰色方块是长度和宽度都增加 50% 得到的方块。这样每个方向都增加了一个方块，从 4 个方块变成了 9 个方块。9/4 是 2.25，也就是增加了 125%。

如图 6.2 所示，如果图形的长宽比不同，即不是正方形，面积增加的情况也是一样的。事实上，不仅仅是矩形，对任何形状而言这个增加比例都是正确的。

这段引文的作者把从 0.4 到 0.625 的增加量四舍五入说成增加了 50%，这样便于读者理解，值得满分表扬。然而，实际的倍数是 1.5625，所以更大的传感器实际上是 1.5625 的平方，即 2.44 倍——对相机买家来说甚至更好了。

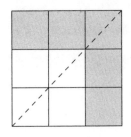

图6.1　对角线上增加了50%

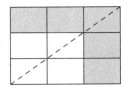

图6.2　也是在对角线上增加了50%

对消费者来说，我们最经常看到这种计算的地方是电视屏幕。在家里，我只能凑合着用一台 38 英寸（对角线）屏幕的老式电视机，但换新电视的念头经常冒出来。为了便于计算，假设我决定从 40 英寸换到 60 英寸，又增加了 50%，也就是原长度的 1.5 倍，所以假设中的新电视的屏幕面积是原来的 2.25

倍。如果我对看电视更感兴趣（也更有钱！）的话，我可以买一台80英寸的电视机，屏幕面积是原来的4倍。

当然，新的大电视的像素很可能和我原来的小电视完全一样，除非我买的是"超高清"电视，它的像素就会是旧电视的4倍。为什么是4倍？这是因为超高清电视屏幕在长度和宽度上的像素都是原来的两倍。

> 超高清指3840×2160像素。这是高清电视1920×1080像素的4倍。
>
> （产品对比网站）

电脑显示器和电视屏幕是一样的——假设长宽比相同，15英寸的屏幕比13英寸的屏幕大33%，比我11英寸的笔记本电脑大85%。同样，像素密度也可能会发生变化，所以我们必须小心，避免比较的对象维度不同。

6.3 体积

> 口径为3英寸的大炮发射的铁球要小一些，重量在3到4磅之间。一门口径为9英寸的大炮发射的铁球重量在7到10磅之间。大炮的大小是根据它们所能发射的实心球的平均重量来衡量的。口径为3英寸的炮称为3磅炮，口径为6英寸的炮称为6磅炮，以

此类推。

（摘自一个关于火炮历史的网站）

由上可见，当需要用到像平方英尺这样的面积维度时，使用长度或半径这样的线性维度就很容易出大错，反之亦然。如果这种误差在面积上很明显，那么在体积上就更明显了。用方块最容易展示出这一点，如图 6.3 所示。

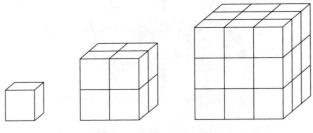

图6.3　面积和体积的增长

一面的面积是水平方向上方块数的平方：水平方向上有 1、2、3 个方块时，面积分别为 1、4、9。同样，体积是水平方向上块数的立方：1、8 和 27。

现在我们更仔细地看看这些炮弹（图 6.4）。半径为 r 的圆的面积是 πr^2，一个熟悉的公式。如果半径翻倍，面积就会变为原来的 4 倍。像炮弹这样的球体的体积是 $\frac{4}{3}\pi r^3$，这个公式可能不太眼熟（你可以完全忽略它）。为了作比较，重要的是体积和重量与半径或（等同于）直径的立方成比例。这意味着，如果我们将半径或直径翻倍，体积和重量将变为原来的

8 倍，这是很大的。如果一个直径 3 英寸的炮弹重 3 磅，那么一个直径 6 英寸的炮弹将重 24 磅，一个直径 9 英寸的炮弹将重 81 磅。

重要的是要记住体积（以及重量）是如何与线性维度成比例增长的，像 $\frac{4}{3}$ 和 π 这样的固定值和常数并不重要。

图6.4　6英寸的炮弹重24磅

你可能还记得，以前的电视机和电脑显示器不是扁平的，而是又厚又大的。如果你想把 20 英寸的旧电视机换成 30 英寸的新电视机，屏幕面积是原来的 2.25 倍，但电视机体积的倍数也会变成 1.5 的立方，大约是 3.3 倍。我现在回想不起来了，但如果重量以类似的比例增长，或者至少超过了 2.25 倍，我也不会感到惊讶。但对平板电视来说，厚度是固定的，因此重量可能只会按面积增长的比例增加：如果我 40 英寸的电视重 10

千克，那么我要买的 60 英寸平板电视将重约 25 千克。在购物网站上对比一下，可以发现这个倍数是相当准确的。

6.4 总结：重要的是比例

人们很容易混淆"平方"与"见方"，这个问题在闲聊中尤其普遍，新闻也经常搞混两者。好在许多情况下，错误的结果值要么大得可笑，要么小得可笑，思考一下结果就能看出错误。

线性尺寸（如高度和宽度）改变时，要注意面积的增长。其规则是面积的增长与线性尺寸的平方成正比，因此，半径、对角线（即高度和宽度）增加到原来的两倍，面积将扩大到 4 倍；半径增加到原来的 10 倍，面积就增加到 10 的平方，即 100 倍。

体积和重量增长的倍数更大。体积与线性尺寸的立方成正比：一个球体的半径或盒子的所有边长翻倍，体积将增长到 2 的立方，也就是 8 倍；如果线性尺寸增加到 10 倍，体积将会增加到 1000 倍。

在所有这些情况下，重要的是比例——有没有 $\frac{4}{3}$ 或 π 这样的常数因子无关紧要，因为两个值相除时，它就消掉了。形状也不重要，因为矩形、三角形和圆在计算上的差别也是一个常数因子。

第 7 章

确定重要事件的可信度

每天有 10 000 名婴儿潮一代步入 65 岁。

（《纽约时报》，2014 年 8 月 1 日）

每个月有 8000 名婴儿潮一代步入 65 岁。

（《纽约时报》，2016 年 5 月 7 日）

每天，成千上万的报纸报道都有这样的字眼："每个 [时期] 有 [一些人][做了某事]。"很多这样的报道都有关"重要事件"或一生只有一次的事件，比如出生、死亡或大寿。

7.1 利特尔法则

你知道每个月有多少名婴儿潮时期出生的人步入 65 岁吗？我也不知道，但幸运的是，我们经常可以对这些套话进行推理。这次的情况中，我们甚至可以确定上面这两句话哪一句基本正确，哪一句肯定是错误的。

有一种技巧基于利特尔法则，这是一种守恒定律，将正在经历某种过程的事物数量、到达率以及处理时间联系起来。

举一个很好记的简单例子，可以用来检查你的理解是否正确。想象一所学校有 1000 名学生。每个学生入学，学习 4 年，然后毕业。如果我们忽略辍学和转学的学生，每批入学的学生有 250 名，如下图所示。

图7.1　利特尔法则应用于一所有1000名学生的四年制学校

利特尔法则将这三个数字联系起来：1000 名学生等于每年 250 名学生乘以 4 年。1000 除以 250 等于 4，1000 除以 4 等于 250，如果用 250 乘以 4，可以得到 1000。现在看来，这几个数字间的关系很明显，至少在这个例子中很明显，但显然，这种关系最早是在 1954 年时，由麻省理工学院斯隆商学院的约翰·利特尔教授提出来的。

让我们用利特尔法则来估计每天有多少婴儿潮一代步入 65 岁。为了简化计算，我们假设美国的人口是 3 亿，这就是"在过程中"的人数。（这个"过程"贯穿一生。）假设每个人都活到 75 岁，这就是处理时间。这些都是过于简化的，因为

图7.2 利特尔法则应用于美国人口

有些人更早去世，有些人活得更久，而且还忽略了移居入境和移居国外的人数及出生率，但就目前而言，这个估计值足够了。

如果用 3 亿除以 75，可以得到每个年龄组有 400 万人，这是到达率（每年有 400 万人出生）和离开率（每年有 400 万人死亡）。400 万也是一年中达到某个重要年龄的人数，包括 65 岁。如图 7.2 所示，有 400 万人达到 65 岁这样的重要年龄。

400 万除以 1 年 400 天得到每天 1 万。但是一年只有 365 天（比 400 天少 10%），所以我们可以把 1 万增加 10%，得出结论，每天大约有 11 000 人达到某个重要的年龄。

因此，每天有 10 000 名婴儿潮一代步入 65 岁的说法是合理的，但每月有 8000 人步入 65 岁的说法是错误的，单位应该是天。

我们也可以在其他地方运用同样的推理方法：

今年，每天都有大约 1800 人庆祝 65 岁大寿，这一年龄对很多人来说意味着退休。

（《每日邮报》，2011 年 8 月 2 日）

英国的人口大约是 6500 万，所以我们可以简化计算，假设英国人的寿命是 65 岁；这意味着每年有 100 万英国人步入 65 岁，因此每天大约有 2700 人步入 65 岁。但英国的预期寿命略高于 80 岁，所以每天大概有 2300 人（6500 万除以 80 再除以 365）步入 65 岁。这个数字比报道中的 1800 要高，但也并非高得离谱，它在合理的范围内。

2013 年 7 月 22 日，乔治王子出生，据独立消息来源证实，有关此事的一些报道称，他只是那天出生的 2200 名婴儿中的一个，尽管他可能成为未来的英国国王这一点有些不同寻常。

请注意，我们在计算中使用近似值以使运算过程变得简单，如果需要的话，可以以后再调整。例如，我不确定例子中的数值包括英国的哪些地方。假设相关人口真的有 7500 万，那么我们可以从预期寿命 75 岁开始计算（简化运算），之后我们更了解实际人口数量时，再进行调整。

这种方法非常有用，你应该始终想方法先简化数字，将必要的调整留到后面。

7.2　一致性

通过独立的计算或来源确认信息是好的。本章开头的两句话不一致，这该引起我们的警惕。单看数字，8000 和 10 000

之间并没有太大的差别，但如果把单位连在一起，每天8000就相当于每月240 000，它们相差25倍，这个差别很大，因此显然至少有一个数字错误。

同样地，如果独立的计算得出的答案一致，表明我们很可能是对的。看看这些例子：

　　　　每天，有10 000名婴儿潮一代步入50岁。

　　　　　　　　　　　　（《赌博杂志》，2005年5月1日）

　　　　在接下来的18年里，每周都会有大约88 500名婴儿潮一代步入59岁半。

　　　　　　　　　　　　（《新闻周刊》，2005年9月12日）

　　　　每个月有350 000名美国人步入50岁。

　　　　　　　　　　　　（《福布斯》，2005年1月10日）

　　　　每年有400万名学生高中毕业。

　　　　　　　　　　　　（《纽约时报》，2010年7月9日）

这四个值的单位是日、周、月、年，与估计的每天11 000人这一数值的误差都在10%或20%之内，所以它们很有可能都是正确的。

让我们再看一些关于身份盗用的数字作为补充例子。身份盗用是一个严重的问题，而且可能越来越猖獗。

每 79 秒就有 1 个人身份被盗用。

（哥伦比亚广播公司新闻，2001 年 1 月）

每 2 秒钟就有 1 个美国人成为身份诈骗的受害者。

（美国有线电视新闻，2014 年 2 月）

每分钟就有 19 个人身份被盗用。

（安全服务公司，2015 年）

第三种说法讲的是每分钟的受害者，而另外两种说法是每秒的受害者。不能直接相比较，所以我们的第一步应该是把第三个说法中的单位转换成和前两个相同的单位：每分钟 19 个受害者就是每 3 秒 1 个受害者。

考虑到其中一条说的是"诈骗"，另一条说的是"盗用"，每 2 秒和每 3 秒可以说差不多一致，但两者都比 79 秒短得多。为什么会这样呢？有可能 79 秒就是错的，但另一种可能的解释是，在 2013 年或 2014 年的时间里，身份盗用的情况确实变得更糟了。"79 秒"这个被广泛引用的数字来自 2001 年，那时电子商务相对来说才刚刚起步；另外两个数字是最近的情况。

79 这个数字似乎是用一年的精确秒数（31 536 000），除以美国联邦贸易委员会给出的整数（即 400 000 起身份盗用案件）得出的。结果是 78.84，随后四舍五入为 79，还是过于精确了。

2017 年，联邦贸易委员会报告称其收到了近 500 000 起身份盗用投诉，司法部表示 1760 万人身份被盗用。这两个想必是权威的数字足以解释这种明显的差异。联邦贸易委员会每 63 秒就会收到一起投诉；司法部说每 1.8 秒就有一个人身份被盗用。出现差异有可能是因为计算的对象不同。

7.3 另一个例子

当然，并不是所有重要事件的报道都是错误的，尽管有时需要思考一下才能确定。例如，产品测试杂志《消费者报告》（*Consumer Report*）2014 年 7 月称，每天有 130 000 名美国人搬进新家。

我最初的反应是怀疑——这也太多人搬家了，这个数字肯定过高了。幸运的是，我们可以使用上述技巧来得出比直觉反应更客观的结果。

假设每个美国人一生中只搬一次家。从本章开头时关于生日的讨论中我们知道，这意味着每天大约有 11 000 人搬家。但根据个人经验可知，大多数人一生中不止搬一次家；事实上，没搬过家是很罕见的。人们多久搬家一次？当然，每个人的情况大不相同，但我们可以根据个人经验得出一个合理的范围。如果我们假设一个人每 6 年或 7 年搬一次家，那一生就会搬家 10 到 12 次；将 11 000 乘以 12，每天就有近 130 000 人搬家。《消费者报告》的数值可能是可靠的。

7.4 总结：独立计算

利特尔法则是一种守恒定律：有进必有出，如果到达率、处理时间和处于过程中的事物数量都是恒定的，那它们之间存在一个特别简单的关系。即使这些假设不是完全正确的，就像学校和国家的人口数量估计值那样，这个近似值也足以用来推理某个陈述是对还是错。

独立估计、结果或其他任何信息大致相同是一个强烈的信号，表明这些值可能是正确的，除非存在系统性错误。真正独立的计算不太可能出现系统错误，所以如果你用两种不同的方法计算得到的结果差不多，那是个好兆头。一些简单的方法就很有用，比如把一列数字从上到下依次相加，第二遍计算的时候从下到上相加。要计算一个表中所有值的总和，将每行的数字相加得到总数，再将每列的数字相加得到总数，两个总数值必须相同。

进行独立计算的一种方法是将一个大数字缩小到单个物品或个人的份额；另一种方向是从下往上进行计算，由个别到整体。例如，一篇关于纽约公共交通的报道中说道：

> 2008 年公共交通出行总量为 105.9 亿人次，而不是 1059 万人次。
>
> （《纽约时报》，2014 年 3 月 11 日）

原来的数值 1059 万显然是错误的。反推一下，这意味着每个纽约人一年只乘坐一次公共交通工具。不住在纽约也知道这是错的。

但 105.9 亿人次是正确的吗？从整体到个别，如果一年的出行量为 100 亿人次且纽约有 1000 万人，那大约是每人每年 1000 次，即一天 3 次。从个别到整体，如果一个纽约人每天乘坐公共交通工具 2 次，乘以 365，一年出行 700 次，乘以 1000 万人，一年的出行量就是 70 亿人次。这不是 100 亿，但如果每人每天的出行次数是 3 次，就会是 100 亿了。105.9 亿这个数值似乎是合理的。（我不知道纽约人眼里的"出行"是指单程还是双程通勤，两者相差一倍，在某些情况下这个倍数关系可能很重要，但在这个例子中不重要。）

注意数字上的不可能性。2008 年 10 月的《背包客》（*Backpacker*）杂志写道：

> 14% 的搜救事件发生在星期六，这是公园搜救队最繁忙的日子。7% 的事故发生在周三，这是出事的最佳日子。

这两个数字是否可信？如果 14% 的事故发生在周六，7% 的事故发生在周三，剩下的 79% 必须分散在剩下的五天；在这些日子里，每天的事故发生率至少 16%。因此，至少有一天搜救队比星期六时还要忙。原来的说法有问题。周六不可能既是最忙的一天，事故发生率又比其他五天的平均值还要低。

第8章

精确数字可能更有误导性

今年的头 90 天，Hulu（葫芦网）用户的视频流播时长达到 7 亿小时。如果按天划分，那就是平均每天 7777777.78 小时。

（博客帖子，2016 年 8 月）

他在 62 天内登顶了阿尔卑斯山脉的海拔 13 123 英尺以上的全部 82 座山峰。

（关于一个登山者的多篇报道，2017 年 5 月）

这两则摘文中的数字引起了人们的注意：其中一些数字非常精确。这些例子很好地代表了一种特殊的"数盲"，它被称为似是而非的精确度：比实际情况更精确的数字。

牛津词典网站对"似是而非"（*specious*）的定义是："表面上看似可信，实际上却是错误的。表面具有迷惑性，尤其具有误导性的吸引力。"（另一个词典网站称，说英语的人很少知道这个单词。我不这么认为，但也许是真的，所以可能现在你又掌握了一个新单词。）

看起来精确、实则不正确的数字通常是无知和懒惰结合的产物，尽管有时是为了误导别人。让我们看一些例子。

8.1　小心计算器

思考一下葫芦网每天的流播时长。葫芦网提供视频点播服务，拥有超过 1000 万订阅用户。如果葫芦网在 100 天里播放了 7 亿小时，那一天就是 700 万小时；如果周期是 90 天，那么每天播放的时长大概会增加 10%，因为除数是 90 而不是 100。如果要计算每天的流播时长，我就会这么做。

但显然引文中的值是用计算器算出来的；实际上，图 8.1 展示了它是如何产生的——用 7 亿除以 90。（我在苹果电脑上第一次用计算器软件进行这个运算时，默认精度设置显示了完整的 15 位没有意义的小数位数：7777777.777777777777778！）

这个运算的原始数字最多精确到 1 位小数：7 亿（超过 6 亿，少于 8 亿）和 90 天。（在非闰年，前三个月正好是 90 天，所以"90"可以是精确的数字，也可以是一个季度的近似值。）所以两数相除后的结果也最多精确到 1 位小数。有很多更好的说法：每天 700 万小时，或者 800 万小时，或者 770 万、780 万、"700 多万"。其中的任何一个都是合理的，但是从计算器或其他网络计算器的屏幕上复制出来的 9 位数不行。

图8.1　7亿除以90

　　基本规则是，计算结果的精确程度不能大于输入值的精确程度。如果你的原始数据只精确到个位数，那么不要期望计算结果精确到小数点后好几位。

8.2　单位转换

　　让我们看看本章开头的第二个例子。有三个数字显然是精确的：82座高峰、62天和13 123英尺。前两个数字大概是准确的，尤其这里计算的是山峰数量、天数这样离散的、定义明确的东西。但13 123英尺有什么特别之处呢？为什么登山者对这个值如此感兴趣，而不考虑攀爬其他比如只有13 100英尺高的山峰呢？

　　答案是13 123英尺等于4000米，一个很好的整数。人们喜欢整数，因为很好记，而且能准确地传达数值的本质，没有

图8.2　超过13 123英尺高?

多余的小数。但假设你是一名美国记者,正在做一篇关于阿尔
卑斯山登山者的报道。欧洲用米表示高度,但美国仍然使用英
制单位,所以必须将原来的整数进行转换以便美国读者理解。
让我们再次拿出计算器,果然,4000米转换后比13 123英尺
多一点点(图8.3)。

　　问题解决了,读者能更好地理解这个数字吗?并没有。更
好的方法是同时给出两个值,比如"4000米(13 123英尺)
高的山峰",这样就能传达更多信息,或许还能顺便给读者上
一课。

　　这种公制和英制之间的特殊转换在美国很常见。例如,
2008年3月《纽约时报》的一篇报道引用了《游艇报道》(*The*

图8.3 把4000米转换成英尺

Yacht Report，不是我经常阅读的那种出版物）编辑的话："游艇超过328英尺就太大了，你会失去亲密感。"想象一位游艇所有者说："我之前有一艘300英尺长的游艇，特别赞——航行的时候，我可以和每个人都玩得很熟，感觉就像在开一个大家庭聚会。但328英尺的新船太大了，我几乎不知道船上都有哪些人。"328这一数字是怎么来的？当然是100米转换过来的，是我们日常用语中使用的那种整百数。如果这篇报道起源于美国，原文描述可能是"超过300英尺"或"超过100码"。

找328的公倍数很容易成为一种书呆子游戏。例如，一则关于美国联邦通信委员会（FCC）移动电话监管的报道称，"使用手机定位技术的运营商必须将67%的通话定位到164英尺以内。对于使用网络定位技术的运营商，定位精度标准可以放宽到将67%的通话定位到328英尺以内。"一则关于印度某机

图8.4 一艘68米（223英尺）的私人游艇

场跑道宽度的报道说："跑道宽 656 英尺；印度政府的标准是 984 英尺。"把这些数字转换回公制单位，你会发现所有这些数字都是 50 或 100 米的倍数。

你可能还会看到其他哪些数字转换因子？2013 年，科技新闻网站 Slashdot 报道称，"法拉利推出了其史上速度最快的车型 LaFerrari，采用混合动力系统，马力近 1000 匹，0~62 迈加速时间不到 3 秒，0~124 迈不到 7 秒，0~186 迈只需要 15 秒。"这些不是整百的数字是怎么来的？法拉利是在意大利制造的，那里的速度用千米每小时来表示，1 千米等于 0.62 英里。0~100 千米 / 小时是一种标准的对照，但我认为 0~300 千米 / 小时更多是为了炫耀，而不是为了满足日常驾驶需求。我们又发现了盲目转换度量单位的一个例子，可以把 0.62 这个数字也记在小本本上。

当然，也有从英制单位转换到公制单位的例子。就像超过 4000 米的阿尔卑斯山很有意思一样，在美国也有一些类似的数字，例如，长期以来人们公认阿迪朗达克山脉的 46 座山峰超过 4000 英尺。毫无疑问，在美国以外的地方很容易找到关于"超过 1220 米高的"山峰的报道。2009 年，《旅行医学杂志》（*Journal of Travel Medicine*）发表了一篇关于搜救行动的文章，里面提到"最常见的救援环境是海拔在 1524 米至 4572 米之间的山区"，相当于 5000 到 15 000 英尺。

一篇关于军事武器的文章写道："M16A1 步枪不能给更重的 M855 子弹足够的旋转来保持飞行中的稳定，导致其性能不稳定和准确度不高，不能在训练或全面战斗中使用。它只能在紧急战斗中使用，并且只能在 91.4 米以内的近距离中使用。"如果我处于战争中，我当然会选择一个整数，比如一个足球场的长度，而不是还得想想"91.4 米"到底是多远。

最后，图 8.5 是我在本地玩具店拍摄的一张度量单位转换图："超过 3 英尺宽、5 英尺长！（超过 91 厘米宽、152 厘米长！）"

如果说盲目转换公制和英制的长度单位已经被滥用，那么公制和英制重量单位之间的转换也一样。2016 年 4 月，《每日邮报》报道称："去年，苹果公司从回收的电子设备中获得了 2204 磅黄金……价值整整 4000 万美元。"

图8.5 英制到公制的转换，精确但不准确

4000万是一个不错的整数，但现在你已经敏感了，2204磅看起来是不是异乎寻常地精确？的确如此。1千克等于2.204磅，所以只要公制重量单位换算成英制单位，你就可以看到2.2和2.204的倍数。转换单位前的值肯定是1000千克，而黄金的价格肯定是1千克40 000美元左右。

该报道还称："苹果还回收了6612磅银、2 953 360磅铜和23 101 000磅钢。"前两个值也是2204的倍数，第三个值在达到过度精确的程度前还经历了其他过程。

缉毒行动提供了很多重量转换的素材，2017年的很多头条新闻就是例子：

一名男子因携带22磅大麻被判缓刑

两人因家中被搜出 22 磅可卡因而遭逮捕

交通临检中查获 44 磅冰毒

交通临检查获价值 75 万美元的 55 磅可卡因

像 22 磅和 44 磅这样的重量值肯定是从 10 千克和 20 千克转换过来的。最后一个数字，55 磅，大概是 25 千克，按照每千克 30 000 美元的价格计算，黑市价是 75 万美元。

毒品重量也有从英制单位转换到公制的。2017 年 5 月的一则报道称，美国海岸警卫队缴获了"约 454 千克的可卡因"，这个数字一开始无疑是 1000 磅。

8.3 温度单位转换

到目前为止，我们的例子都涉及简单的乘法因子：重量的是 2.2，长度的是 3.28，等等。相比之下，摄氏度和华氏度之间的温度单位转换就有点复杂了，因为 0 摄氏度并不等于 0 华氏度。这导致了另一种混乱，从一个气候变化网站的这条评论中可以看出：

如果 1 摄氏度等于 33.8 华氏度，那么 0.5 摄氏度不是等于 17 华氏度吗？既然如此，而图表显示的气温上升趋势始于 1980 年左右，如果这段时间的平均气温上升了 0.5 摄氏度，那就相当于上升了 17 华氏度。将空调温度调高 17 华氏度，感受一下气温的变化。

这句话的意思是，温度变化 0.5 摄氏度，若以华氏度为单位就变化了惊人的 17 度，这将非常明显，因此气候变化不可能是真的（或者说气候变化如果真的存在的话将会非常明显，我不确定作者的意思是哪一种）。

下面的摘文节选自一本关于登山的书，它也有完全相同的问题："海拔每上升 100 米（330 英尺），温度就下降约 1 摄氏度（33.8 华氏度）。"

这里的混乱在语言上让人联想到我们在第 6 章谈到的"平方英尺，英尺见方"问题；这里两者的区别在于一个是表示特定温度的 1 摄氏度（degree Celsius），一个是表示两个温度之间差值的 1 摄氏度（Celsius degree）。

当温度变化 1 摄氏度时，它变化 1.8 华氏度。因此，如果温度从 1 摄氏度上升到 2 摄氏度，温度就从 33.8 华氏度上升到 35.6 华氏度。当然，反过来也是一样的道理。

如果换算不是简单的乘法运算，那就要注意了；要换算正确的话复杂得多。

8.4 排序方案

普林斯顿大学在全国大学中排名第一。学校排名根据人们普遍认可的优秀指标来衡量。

优点得到赏识和公认总是件好事。自从我 1999 年在普林斯顿任教以来，普林斯顿大学每年在全美大学中的排名都是第一，除了我休假的那一年；还有一年，《美国新闻》似乎因为笔误，把普林斯顿大学降到了第二名。

当然，说普林斯顿是全国最好的大学是荒谬的。这是一所可以为学生提供很多东西的好学校，但它只是众多好学校中的一所，一个学生特别看重的特质对另一个学生来说可能就没那么重要了。

大学排名就是计算过于精确的常见例子之一。另一个流行的例子是居住地排名。搜索"最宜居的城市"，会出现大量关于特别适合居住和工作的城市的文章。但令人惊讶的是（也或许是意料之中），人们对结果几乎无法达成一致。在我搜索的前六则排名文章中，排名前五的城市几乎没有重复。

这种排名的产生过程概括来说很简单。先确定一些重要因素——对于学校而言，是学费、标准化考试成绩、班级规模和捐赠基金；对城市而言，是房价、学校质量、公共交通和文化设施。收集关于每个因素的数据并将其转换为数值。给每个因素分配权重——也许考试成绩应该占学校分数的 25%，而捐赠基金的规模可能占 10%。将单个因素与权重结合起来，为每个学校或城市计算一个数字得分，并将它们按递减顺序排列。排在名单顶端的就是上学或居住的最佳地点。

这个过程清楚地说明了为什么人们在选择学校和居住地方面很少能达成一致。我们收集了不可靠的数据（我们如何衡量房价或教学质量？），将非数字数据转换为数字（把文化设施变成数字？），并将它们与任意的权重（为什么不是 20% 和 15%，而是 25% 和 10%？）结合在一起。不可靠的数据加上任意的权重会导致不可靠的结果。

普林斯顿大学排名一直很靠前的原因之一，是《美国新闻》院校排名把校友捐款的比例算作一个重要因素。普林斯顿大学的校友非常忠诚和慷慨——大约三分之二的校友每年都会捐钱——所以如果校友的忠诚度是唯一的评分因素，普林斯顿大学总是可以排到第一。

当然，这并不是说排名没有一点真实性，但是过于信任排名是愚蠢的，我们当然也没有理由相信排名分数是正确的。

《居住评级年鉴》(Places Rated Almanac) 是一份年度出版物，试图根据气候、住房成本、犯罪率和公共交通等 9 个因素，对美国 329 个大都市地区的宜居程度进行排名。1987 年，贝尔实验室的 4 位统计学家发表了一篇论文，名为《居住评级年鉴数据的分析》。作者表示，通过适当调整这些因素的权重，有 134 座城市都有可能排在首位，有 150 座城市都有可能排在末位。值得注意的是，通过适当的权重选择，有 59 座城市既可能排名第一也可能排在最后。从那以后，每当我看到基于多重加权因子得出的排名时，我就提示自己想想"居住评级"的例子，并对排名结果持相当怀疑的态度。

8.5 总结：精确有时不代表准确

> 引用的数字数据比实验观察的数据还要更加精确，没有什么比这更能体现'科学盲'的了。
>
> （彼得·梅达沃，诺贝尔奖得主、生物学家）

数字精确度高，意味着在某种程度上它比精确度低的表达更准确，因此也意味着这个数字更重要或更有意义。它在无形中获得了一种毫无根据的权威。

精确和准确不是一回事。下面是一个朋友在亚马逊 Echo 智能音箱上与语音助手 Alexa 的对话：

> 朋友："Alexa，今天的降雪预报怎么说？"
> Alexa："今天很可能会下雪。降雪概率为 78%，积雪大约 0.73 英寸。"
> 朋友："哇，她真的很准确。"

Alexa 给出的数字当然是精确的，但我相信有观看天气预报经验的人都知道，她不太可能准确到这个地步。

杂志封面也有过度精确的数字，它们喜欢诸如"几乎适用于所有物品的 43 种省钱方法"（《消费者报告》）或"487 种热门新造型"（《时尚芭莎》）这样的文字。肯定是市场调查显示，这种虚假的精确数字比整数更能诱导人们购买杂志。

　　报纸也不能幸免于使用抓人眼球的"精确值"：

$1 101 583 984.44

　　《环球邮报》的一项调查已确定，这是加拿大证券公司未支付罚款的数额。加拿大监管机构每年新增 1 亿美元罚款，以严厉打击犯罪的形象上新闻头条，但收到的罚款只有一点。

　　（《环球邮报》，2017 年 12 月 22 日）

　　这是一个非常精确的数值，有 12 位有效数字，而且它一定很重要，因为在最初的报纸上，它是用半英寸高的字母印刷的，这绝对是一种吸引读者注意力的方式。报道接着讲述监管机构只收取了应交罚款的一小部分，该报告通过梳理 30 年的记录计算出了这个数额。

　　这一精确度是不切实际的，该报道还称："然而，《环球邮报》无法从每个监管机构处获得未缴罚款的完整历史数据，因此真实数字可能更大。"

　　如果正确的数字可能更大，为什么要用 12 位数字？大概是因为与"超过10亿美元的未付证券罚款"这样平凡的标题相比，这么多个数字更吸引人的注意吧。

许多这样过于精确的数字来自不同单位制之间的机械转换；还有一些是盲目复制计算器上显示的数字，通常没有考虑到原数字的精确程度（或者原数字根本就不精确）。两者都是不好的做法。

如果将近似数据（有时甚至不是用数字来表示）与任意的权重因数结合在一起，你就会得出可以引发热烈讨论的排名，但你几乎无法从中得出有意义的结论。对所有的排名方案都要持保留态度。

第9章

谎言、该死的谎言和统计数据

> 1924 届耶鲁毕业生的平均年薪为 25 111 美元。
>
> （达莱尔·哈夫，《统计数字会说谎》，1954）

这是达莱尔·哈夫这本精彩小书中的第一个例子，这本书介绍了统计学的欺骗性，如今读起来与 60 多年前出版时一样具有教育意义和乐趣。

哈夫的书名暗指一句著名的格言："谎言有三种：谎言、该死的谎言、统计数据。"人们认为这句话是本杰明·迪斯雷利说的，他曾在 1874 年至 1880 年间担任英国首相，不过在他于 1881 年去世之后好几年，到了 1891 年的时候，这句话才首次有文献记载。

不管这句话是谁先说的，它揭示了无论是否有意，统计数据都可以用于误导别人，这种怀疑是合理的。在这一章中，我们会看到一些例子。这绝对不是一本统计书籍，但我们会了解一些基本的统计概念，理解它们有助于你保护自己。

9.1 平均值 VS 中位数

对于 25 111 美元这一数值，哈夫提出了两点质疑。第一，它"精确得令人吃惊"，呼应了前一章的主题。试想，有人调查了一群耶鲁毕业生的年收入，将所得数据相加，然后除以被调查者的人数，得到这个数字。这听起来很像我们关于盲目使用计算器的讨论，不是吗？

我不知道我的年收入是多少，但我可以猜一下。报税的时候我会得到一个更准确的数字，但它仍然不是完全准确的。你可能和我一样。

但如果你要为校友刊物填写一份调查问卷，你会提供自己报告给税务机关的相对准确的数字吗？当然不会。如果你甚至连回复都嫌麻烦的话，你可能只会大概估计一下，四舍五入到一位或两位有效数字。将一组四舍五入过后的近似值相加，求出平均值后再四舍五入一次，得到的数字看似精确，实则不准确。

还有另一个潜在的严重问题——如果这些数据中有几个极端值，那么它们可能会极大地影响平均值。假设我们要计算过去 40 年左右哈佛辍学生的平均净资产。我猜，平均而言，从哈佛退学的人没有那些完成了 4 年学业的人赚得多，但有两个著名人物例外：微软创始人比尔·盖茨和脸书创始人

96

马克·扎克伯格，他们的总资产净值加起来至少达到 1500 亿美元。

哈佛有多少辍学生？哈佛大学有 6600 名本科生，所以每年大约有 1650 名学生入学（还记得利特尔法则吗）。哈佛大学 6 年内毕业率约为 97%，所以每批学生中只有 3% 的学生中途辍学，也就是说大约每年 50 人，40 年中有 2000 人辍学。

假设这些相对不幸的人，每人的净资产是 10 万美元，总计 2 亿美元。

那么按照耶鲁原报道的说法，哈佛退学学生的总净资产是 150 200 000 000 美元；除以 2002 得到平均 75 024 975 美元。这个数字在计算上可能是正确的，但它极具误导性，就像在有少数几个极端值的情况下求平均数一样。

要描述一组这样的数字，有一个更好的方法：中位数，也就是这组数据中间的值。小于中位数的值和大于中位数的值一样多。假设这些辍学生总资产的中位数是 10 万美元，盖茨先生和扎克伯格先生的存在对这个数值完全没有影响，而且事实上，如果我们再增加几百个真正富有的人或一群穷人，中位数也不会改变。

当你看到平均数（或者更正式的同义词"均值"）这样的字眼时，要小心；极端值可能会影响结果。当数值分布均匀时，进行一般的平均值运算就可以了，比如计算一大群人

图9.1　这就是哈佛辍学生的平均水平？

的平均身高和体重就可以用这个方法。但如果有显著的极端值，平均值运算就不太合适了。这种情况下，中位数这个统计值更具代表性：一半的值低于中位数；一半的值在中位数以上。

> 哈佛大学的成绩中位数是 A-，最常见的分数是 A。
>
> 　　　　　　　　　（《哈佛深红报》，2013 年 12 月 3 日）

另一个有代表性的数字是众数，它是出现频率最高的数值。在哈佛，成绩的众数是 A。

9.2 样本偏差

> 据《AARP》杂志报道，在接受调查的 55 岁及以上的人中，约有 48.7% 的人说他们喜欢参加调查。
>
> （《纽约时报》，2005 年 11 月 12 日）

对于 1924 届耶鲁毕业生平均年薪的调查，哈夫还有另一个看法；他认为调查结果"好到令人难以置信"。从今天的角度来看，25 000 美元不过是最低工资，但如果我们把 1954 年的美元换算成 2018 年的美元（使用 usinflation.org 网站换算），那时的 25 000 美元相当于 2018 年的 23 万美元。

哈夫推测，受访者中绝大部分都是成功者。没有发家致富的校友不愿让同学知道自己的处境，而且可能也更难联系到。所以平均值很可能是基于一个有偏差的样本计算出来的：样本大都是相对成功的人。

类似的解释也适用于《AARP》杂志的调查结果。如果参与调查的人中，只有不到一半的人喜欢参加调查，那就意味着有超过一半的人不喜欢做调查，而且可以肯定地说，还有很多人甚至拒绝参加这项调查。从总体上看，喜欢参加调查的人数可能更少。（我们也不知道有多少人接受了调查。样本越小，调查意义越小。）

样本偏差或抽样误差是许多预测失败的核心原因。最著名的一次是 1936 年的美国总统大选预测。《文学摘要》（*The Literary Digest*）杂志当时对 1000 万订阅用户发起一项调查，收到了 230 万封回复,基于调查结果,预测共和党总统候选人阿尔夫·兰登将以多数票当选。然而,事实证明,民主党候选人富兰克林·罗斯福赢得了近代以来最大规模的压倒性胜利。

统计学家和政治迷们一直在研究这次民意调查失败的原因。《文学摘要》预测错误的因素之一是,它的读者中共和党人的比例似乎占大多数,而且与普通人相比,它的读者对政治更感兴趣。因此,样本一开始就偏向共和党,回复调查问卷的主要是强烈反对罗斯福的人。样本虽然很大,但远不具有代表性。

相比之下,乔治·盖洛普就成功地预测了这次选举结果,开启了他的全国民调生涯。他的预测基于一个更好的样本,只有 5 万名潜在选民。《文学摘要》于 1938 年倒闭,而盖洛普民意调查则一直延续到今天。

2016 年美国总统大选的民意调查比 20 世纪 30 年代的要复杂得多,调查一致认为希拉里·克林顿当选的可能性很大。结果,尽管克林顿以 300 万张选票赢得了普选,唐纳德·特朗普却赢得了总统选举团的选票,从而当选总统。民意调查人员是否漏掉了某个支持特朗普的重要选区?人们在填写民意调查问卷时是不是撒谎了?还是说选民在最后一刻改变了主意?统计学家和政治迷们在未来几年也将研究这次选举。

9.3 幸存者偏差

> '吸烟有害健康'的说法只是一个谎言。我已经吸烟45年了，还是活得好好的。事实上，在这45年里，我从未得过任何严重的疾病。没有癌症。没有心脏病。没有肺气肿。没有老年痴呆。没有关节炎。什么病都没有。
>
> （Wordpress博客，2016）

> 在美国，吸烟是引起可预防疾病和死亡的主要原因，每年超过48万人死于吸烟，相当于每5例死亡中就有1例死于吸烟。
>
> （美国疾病控制和预防中心，2017）

你能通过努力工作致富吗？比尔·盖茨和马克·扎克伯格做到了。你能比大多数人更擅长选股吗？像沃伦·巴菲特这样的传奇投资者已经成功投资几十年了。吸烟酗酒能让你长寿吗？一些百岁老人是这么说的。

然而，我们不能从这样的案例中得出可靠的结论，因为它们都是幸存者偏差的例子——我们从中得出的数据并不具有代表性，这些例子都是从幸存者中挑选出来的。还有一些数据能够得出不同的、更准确的结论，但因为这些人没有存活下来，所以数据也已经被删除了。这里的博客作者显然很健康，但他是一个幸存者，不能证明吸烟是无害的。

9.4　相关性和因果关系

最常见的统计错误之一就是把因果关系搞错了。两件事物看起来成比例变化，并不意味着它们就存在因果关系。有一个非常有趣的网站：tylervigen.com/spurious-correlations，上面有大量呈相关性却没有任何因果关系的例子。例如，从 2000 年到 2009 年，缅因州的离婚率几乎与人造黄油的人均消费量完全相关，美国在宠物上的花费几乎与加州的律师数量完全相关。

上面的例子要说有因果关系显然是胡说八道，但是下面这个例子呢？

研究发现，汽水助长了青少年的暴力行为。

（《华盛顿邮报》，2011 年 10 月 23 日）

这篇文章接着说："大量饮用含糖汽水与携带枪支或刀具以及对朋友、家人和伴侣实施暴力行为存在显著关联。"这项研究的样本很小（波士顿的 1800 名学生），这已经使它有点可疑了。但真正的问题是，还有其他许多因素，比如社会经济地位低下，可以很好地解释暴力倾向和不健康的饮食。研究发现了某种相关性（"显著关联"），但标题将其歪曲成一个错误的结论，即饮用汽水"助长暴力"。这种从相关性到因果关系的跳跃在新闻中并不少见，你必须保持警惕。

核心原则是呈相关性并不意味着有因果关系。我们多年前就已经观察到吸烟和患癌风险增加之间存在密切关系，但是我们花了一段时间才充分了解了细胞损伤的机制，从而得以解释吸烟是如何引起癌症的。在气候变化、饮食中糖分过多以及其他一些问题上，我们似乎也是先看到相关性再探索因果关系。

9.5 总结：注意统计数据的潜在误差

统计是一个很大的领域，经过培训、有了经验才能正确使用。本章中的几个主题是最基本的内容，能帮助你避免无效的统计和推理。

可以用算术平均数来描述一组数字，但有时用中位数更好，因为它是集合中间的值，因此不太会受到像盖茨和扎克伯格这种极端值的影响。

大多数统计结果是基于总体的样本而不是整个群体的情况得出的，这样很容易受到潜在的严重抽样错误的影响，除非样本真的具有代表性。当然，民意调查专家知道这一点，但仍然很容易犯错，从一个不能代表整体情况的样本中得出结论。

幸存者偏差是抽样误差的另一种形式。不管是否有意，排除掉那些被认为不相关的样本或目前不在群体中的样本，可能会得出具有误导性、通常过于乐观的结果。

呈相关性并不意味着有因果关系。如果两件事似乎同步变

图9.2 相关性，版权所有© 2009，兰道尔·门罗，xkcd.（来源: http://xkcd.com/522.）

化，不见得其中一件就是另一件发生的原因。可能还有第三个因素对两者都有影响，也可能只是巧合，就像离婚和人造黄油一样。

第 10 章

识破图形的欺骗

然而，（一个误导人的图表）的效果要好得多，因为它不包含形容词或副词，不会打破它很客观的错觉。没有人能怪罪于你。

（达莱尔·哈夫，《统计数字会说谎》，1954）

《统计数字会说谎》展示了几种被广泛用于误导或欺骗的图表技巧。如今，有了计算机，以及 Excel 这样的制表工具和 Photoshop 这样的图片处理工具，图表骗局可能比 60 年前的更加复杂，我想哈夫可以为他这本经典好书的再版找到大量新材料。

在本章中，我们将看到一些图表骗局，其中大部分哈夫都提到过。一旦看过一些例子，你就会开始在所有地方发现类似的例子，能更好地保护自己。和我们之前讨论过的其他一些事情一样，自然而然地发现一些例子是很有趣的，所以你可能会发现自己在看新闻和上网时，眼光更挑剔了。

10.1　惊人的图表

2010 年 5 月 6 日，美国股市经历了一次股价暴跌，这次可怕的暴跌现在被称为"闪电崩盘"。在下面的图表中，纵轴是道琼斯股票价格指数，横轴是一天中的时间。

如你所见，股票价格在下午 2 点 45 分左右几乎跌至谷底，在下午 4 点收盘时回升到之前价格的四分之三左右。暴跌只持续了一会儿。

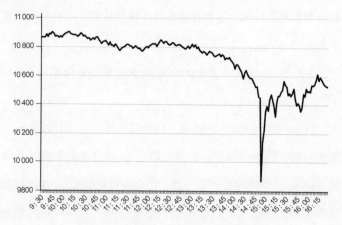

图10.1　2010年5月6日的"闪电崩盘"

如果你更仔细地看看这个图表，你会发现纵轴不是从 0 开始的；原点是 9800。这种做法极大地夸大了纵坐标，给人的感觉是变化很剧烈，而实际情况没那么夸张，所以哈夫称它们为"惊人的"图表。

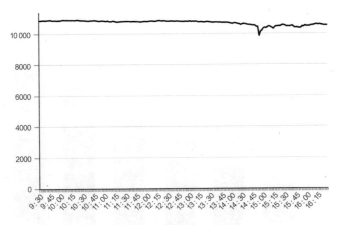

图10.2 没有夸张的闪电崩盘图

如果我们将零值恢复到纵轴上，如图 10.2 所示，得到的暴跌图远没有那么夸张。对投资者来说，这仍会令人恐慌，但新图表显示，我们在谈论的最大跌幅也低于 10%，净跌幅略高于 3%，世界末日还没到呢。

惊人的图表并不总是如此夸张。例如，图 10.3 显示了推特（Twitter）每月活跃用户数的增长量，这张图是从 2013 年推特向美国证券交易委员会提交的 S-1 表格（招股书）中抽出来的，是推特上市过程的一个环节。

看起来似乎在过去的 18 个月里，用户的数量增加了两倍，因为最右边的竖条大约是最左边竖条的 3 倍。然而，将原点设置为 0 而不是 100，感觉就不同了：用户数量是从 1.38 亿增长到 2.15 亿，也就是原来的 1.56 倍（图 10.4）。

爱德华·塔夫特是《定量信息的视觉显示》（1992）的作

107

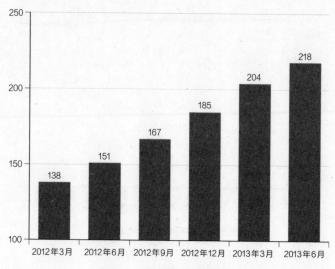

图10.3 推特的活跃用户数

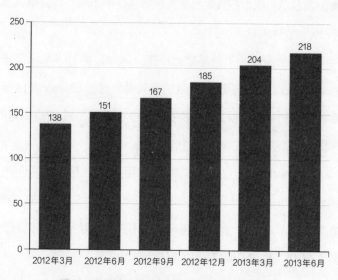

图10.4 推特的用户增长图，不那么惊人的版本

者，他对是否应该显示零值有不同的看法：

一般来说，在一个时间序列中，应该使用代表
某个数字的基线，不要使用零点。如果零点在绘制数
据时合理出现，那行。但是不要为了使用零点而占用
大片的垂直空间，这样的代价是数据线失去了其本身
的意义。（《统计数字会说谎》一书在这一点上是错
误的。）

（www.edwardtufte.com/bboard）

这里没有唯一的正确答案，但你应该意识到，惊人的图
表放大了小的差异，这通常是具有欺骗性的。出发点可能是好
的——毕竟，一大片完全空白的图形区域不太可能吸引读者的
眼球，而坐标比例扩大后更容易看到细节——但对我来说，这
仍然是有问题的。

10.2　断轴

有时你会看到与前文提及的类似的图表，它的纵轴底
部数字为 0，但有一条小锯齿线表示该轴省略了一些刻度
值，然后回到变化惊人的部分。在图 10.5 中，数据的截断
非常清楚地标示了出来；还有一些情况下，这个问题更加
微妙。

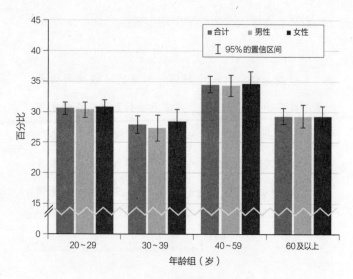

图10.5　来自国家卫生统计中心

　　有时横轴会像纵轴那样被截断，不过这种情况更少见，有时你还可能会看到一组不均匀的水平刻度；这是特别有害的，因为它往往会使图形变得比实际更平滑，导致变化看起来比实际更均匀。我们将在第 11 章中看到一个很好的例子。

10.3　饼图

　　饼图通常用来显示某物在一组没有交叉的选择中所占据的比例——饼图每个部分的面积与其占饼的比例相对应，但饼图也可以导致数据难以理解或歪曲数据。最常见的问题发生在透视图上，因为透视图会扭曲面积：在前面的部分看起来更大。

看看图 10.6 中的两个饼图。它们代表完全相同的数据：4
个值相等，所以每一块是整体的 25%。左边的图准确地表示
了这一点，因为每个扇形的面积是饼图的四分之一。右边的图
表扭曲了数据：底部的两个部分看起来比顶部的两个部分要大
得多。

图10.6　表示相同数据的两张饼图

当然，饼图中的值加起来应该是 100%。我不清楚该如何
理解图 10.7 中的示例，该图来自福克斯新闻（*Fox News*），三
位候选人的支持率加起来达到了 193%。

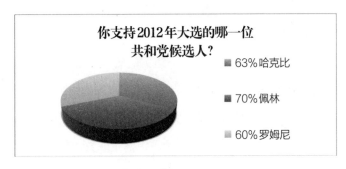

图10.7　真正的广泛支持？

10.4　一维图片

　　美国联邦政府通过一个名为"佩尔助学金"的项目，向来自低收入家庭的学生提供助学金，帮助他们上大学。图 10.8 来自普林斯顿大学 2016 年发布的一份新闻稿。图中显示，从 2008 届到 2020 届，有资格获得佩尔助学金的新生人数大幅增加。

图10.8　佩尔助学金名额比例大幅增加

　　是这样吗？如果我们忽略图片而关注实际数字，我们可以看到，在 12 年的时间里，新生的佩尔助学金名额比例从 7% 提高到了 21%。"3 倍"的增长率确实是值得称赞的，但两个圆圈的视觉冲击夸大了提升幅度。如第 6 章所说，面积随着半径平方的增长而增长，因此，右边圆的面积是左边圆的 9 倍，文字也要大得多。一个普通读者看了可能以为提升了一个数量级，而更准确的幅度应该是"3 倍"。

　　这是哈夫所说的一维图片的一个例子。数据值由图表来表示，但图表使用面积甚至体积来表示应该以线性比例显示的值。一维图经常夸大实际比例的效果，尽管它们有时仅仅是为了让平凡的数字看起来有趣，然而弄巧成拙罢了。比较图 10.8 和图 10.9，后者通过图形的高度准确地表示了两个值：

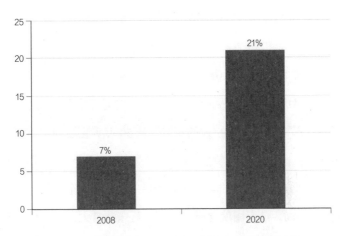

图10.9　有资格申请佩尔助学金的新生比例是以前的3倍

很无趣，不是吗？但它传达的信息并不具误导性。如果你就是喜欢圆圈，圆的面积要和其代表的值成比例，并使用大小一致的字体，如图 10.10 所示。

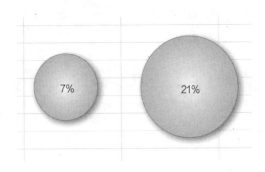

图10.10　有资格申请佩尔助学金的新生比例是以前的3倍

右边圆的面积是左边圆面积的 3 倍，准确表示了对应数值。

当然，如果只有两个值，图形几乎没有任何作用；直接说有资格申请佩尔助学金的人数比例从 2008 年的 7% 上升到了 2020 年的 21%，提高到原来的 3 倍，这就足够了。

使用面积来错误地表示线性维度已经够糟糕的了，但可能有更糟的情况。图 10.11 是我一直以来最爱的例子之一。按照每只老虎（普林斯顿大学的吉祥物）的高度计算，研究生的夏季津贴增加到接近原来的 4 倍，从 50 万美元增加到 200 万美元。

这就是图像的全部内容：两个数字，其中一个是另一个的 4 倍。然而，这幅图使得增长幅度看起来非常大，因为线性值

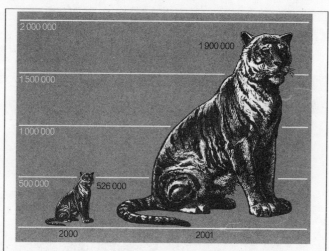

从 2000 年到 2001 年，研究生院给人文社科专业学生的夏季津贴几乎翻了两番。

毕业季新闻，2001 年夏季

图10.11　夏季津贴大幅增加！

是由三维的老虎表示的，我们的眼睛看到的不是 4 倍这一倍数，而是体积的增长，即 4^3：右边老虎的重量是左边老虎的 64 倍。

10.5　总结：注意图表的刻度、方向和维度

一幅图胜过千言万语，所以，一幅误导人的图大概相当于一千句令人误解的话吧。我们已经看到了数字数据可以以具有误导性的图形呈现。我们的例子远非包罗万象：使用现代技术，人们很容易生成各种各样吸引人但质量参差不齐的图表。

例如，图 10.12 中的锥形体（三维物体）就没有那么误导人，因为它们底相同，体积和高成比例。但是纵轴上的偏差很怪，确实会误导人。如果纵轴上的数值与网格线对齐，就没有必要给每个项目都标上数值。

你应该注意什么？惊人的图形可能最常见，这种图表里，纵轴只覆盖给定的数据值，大部分抹去了零点基线。这么做具

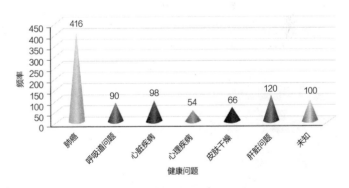

图10.12　是积极误导还是只是令人困惑?

有放大变化的效果，通常会使变化看起来比实际更显著。有时，纵轴截断的标志暗示某些刻度值缺失，这种情况比前者最多只是好了一点。

你有时会在横轴上看到类似的情况，横坐标轴的刻度间距不等。这一技巧是为了使趋势看起来平滑和有规律，而实际情况并非如此。

注意用透视或三维效果呈现的饼图。这会扭曲信息，导致位于饼前端的值看起来比后面的要更大。

请注意使用面积或体积来表示线性值的一维图形。我们的眼睛看到的是面积和体积，所以很容易产生错误的印象。

即使没有明显的可疑之处，也要谨慎。

仔细看看图 10.13 中的图表：

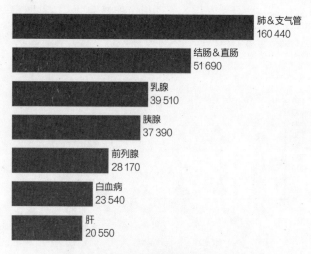

图10.13　预计2012年美国死于癌症的人数
（http://www.medicalnewstoday.com.）

这张图没有水平刻度，但是如果数字是正确的，顶部横条应该是第二个横条的 3 倍多。其他横条的比例似乎是正确的，那么为什么要随意地缩短顶部横条呢？也许是为了美观，避免让一个横条主导整幅图。但这样该图表就无法传达最重要的信息：第一类癌症，也就是肺癌的死亡人数，比后面四类的总和还要多。

不管是有意识地试图误导，还是仅仅为了看起来更吸引人而不小心弄巧成拙，图形欺骗的例子一直都不少。但是一旦你看到并能辨认出一些有代表性的例子，你未来就不用担心被图表骗了。

第11章

如何判断来自信息源的偏见

4000 名青少年将在今天尝试他们的第一支烟。

（广告,《纽约时报》, 2005 年 11 月 18 日）

每天有 5000 名青少年第一次尝试大麻。

（广告,《纽约时报》, 2005 年 11 月 4 日）

这两则整版广告引起了我的注意,部分原因是它们只相隔两周,而且都占据了《纽约时报》一个版面的最后一页。你很难不注意到它们。

我们能大概评估它们的准确性吗？第一步,应用利特尔法则,因为它们都属于"某个时间段内发生的某件事"。假设一个青少年想要尝试吸烟,这会发生在他或她 13 岁生日的那天。（我就是这样,幸好被我妈妈发现了,她对我加以申斥,我对此永远感激不尽。）

每天有多少孩子步入 13 岁？我们前面讲过,在美国大约是 11 000 人，为了简化计算，我们把它看作 12 000。如果有三分之一的青少年尝试吸烟，那就是 4000 人。这一估计似乎是合理的，或者可能有点高了。美国疾病控制和预防中心表示，2016 年大约有 15% 的成年人吸烟，而且这个比例一直在下降，所以如今类似的广告提到的比例可能会更低。

11.1 谁说的？

这些整页的广告花费了某人一大笔钱。谁出的这笔钱？我不确定，但是关于香烟的那则广告说："由美国儿科学会、美国心脏协会、美国肺脏协会、美国医学协会和全国家庭教师协会背书。"这是一个重量级支持者团体，他们从不同的角度表达了对一个重大公共卫生问题的关注。

另一则广告的准确性则更难评估，它声称每天有 5000 名青少年第一次尝试大麻。这个估计值和吸烟者的差不多，所以从表面上看，它并不是不合理的，尽管我们可能会猜测，一个人第一次吸食大麻的时间要晚一些，比如在 16 岁左右。

在这一方面我没有任何个人经验，因为在我十几岁的时候，大麻甚至还没有被发明出来。我问过许多年轻人的意见，但从来没有得到一个明确的答案。这个数字对吗？在美国的大部分地区，吸食大麻仍然是非法的，而对 18 岁或 21 岁以上的人来说，他们是可以合法购买香烟的，而且实际上每个人都很容易买到，那么尝试大麻的孩子会比尝试香烟的孩子多吗？

问问谁为这个广告付费可以帮助我们做出决定。同样，我不知道钱是谁出的，但页面上显示的广告来源是美国无毒品联盟。请注意与前一组支持者的不同之处在于：无论多么有价值，这一联盟倡导的只是一个单一议题，它致力于减少吸毒。使戒毒这个问题显得重要和值得支持是符合他们利益的，而其中一个实现方法就是提出令人印象深刻和引人注目的数字。

美国国家药物滥用研究所（一个美国政府机构）2017 年12 月的一份报告表示，在他们的样本中，22.9% 的高三学生在过去一个月中吸食过大麻；只有 9.7% 的人吸烟，但 16.6% 的人使用过电子烟。总样本量为 43 700。联盟估计的人数很可能在合理的范围之内。

新闻媒体应该对事实进行冷静、中立的报道，但它们可以被操纵，当然，耸人听闻的标题会吸引更多读者。下面的标题就是一个例子：

联合国援助人员强奸了 6 万人

（《太阳报》，2018 年 2 月 12 日）

这篇报道接着说："一名告发者声称，联合国工作人员在过去 10 年里可能实施了 60 000 起强奸案，因为全世界的援助人员都纵情于不受约束的性虐待中。"

2018 年 3 月 1 日，阿曼达·托布在《纽约时报》上发表了一篇精彩的文章，文中写道："这是一个可怕的数字。这是一个引人注目的数字。这也或多或少是一个捏造出来的数字。"

这是怎么发生的呢？2017 年的一份联合国报告称，据记录，去年有"311 名受害者遭遇维和人员性剥削"。一名前联合国雇员，现在是反对这种虐待行为的倡导者，将军人和文职人员都算上，把这一数字提高到了 600 人，然后基于只有 10%的侵害被记录在案的理论，将这一数字乘以 10，然后再乘以 10 年。《太阳报》由此产生了这一耸人听闻的头条新闻；只有更深入阅读该报道，才会发现这个数字显然不可靠。

11.2 为什么他们会在意？

> 据美国厌食症和暴食症协会统计，每年有 15 万名美国女性死于厌食症。
>
> （纳奥米·沃尔夫，《美丽的神话》，1990）

这是一个惊人的数字；厌食症显然是一种公共健康危机。真是这样吗？利特尔法则再次起了作用。每年有多少美国妇女死亡？我们先前估计，每年大约有 400 万美国人死亡，其中一半是妇女。如果这一说法是准确的，那么因厌食症而死亡的 15 万人将接近所有女性死亡人数的 10%。

这显然是不对的。毫无疑问，对许多年轻女性来说，厌食症和暴食症是严重的健康问题，但 15 万这个数字似乎是错误引用了美国厌食症和暴食症协会最初提供的信息，该协会最初表示大约有 15 万名患者，这和死亡有很大的不同。不管是不是有意为之，人们往往会重复带有错误单位的大数字，这是一种自然的倾向，然后数字就会越变越离谱，尽管只要稍微想一想，就会发现它根本不可能是正确的。（沃尔夫女士在 1992 年出版的平装版《美丽的神话》中删除了这一表述。）

11.3 他们想让你相信什么？

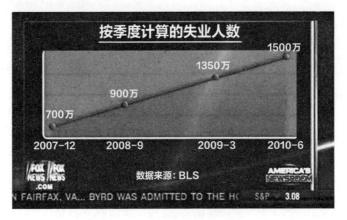

图11.1 不均匀的横坐标刻度间距

在第 10 章中，我们讨论了惊人的图表，夸张的纵坐标可能会产生误导，我们还提到了横坐标上也可能出现类似情况。这种情况不太常见，至少以我的经验来看是这样，但由于它们更难创造，所以更强烈地暗示着表格制作者试图歪曲某些东西。图 11.1 中来自一档新闻节目的图像就是一个例子，它的横坐标刻度间距并不均匀，纵坐标刻度间距也不均匀，还有一些抓人眼球之处。

稍微花点工夫，我们就可以重新画一幅横纵坐标刻度间距都均匀的图，并将原点设为 0，结果如图 11.2 所示。

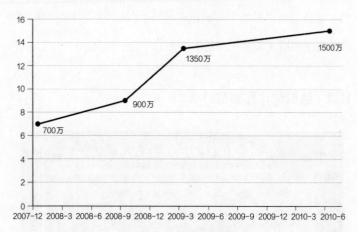

图11.2　均匀的刻度间距

显然，上升趋势远不像原图显示的那样平滑，时间周期也不相同。我不知道原图是艺术创作，还是为了说明某位总统执政期间的失业率而做出的尝试，但无论如何它都是具有欺骗性的。

枪支管制是美国的另一个热点问题。美国国会研究服务中心 2009 年的一项调查显示，美国全国步枪协会等强大的利益集团已经导致美国民间持有枪支数量与人口数量相当。

死于枪杀的情况太常见了，每年的死亡人数远远超过30 000，许多人有理由感到担忧：

自 1950 年以来，死于枪杀的美国儿童数量每年都在翻倍增长。

（南希·戴，《校园暴力：在恐惧中学习》，1996）

我第一次看到这句引人注目的话是在乔尔·贝斯特的《该死的谎言和统计学》中，但它经不起太多的推敲。假设 1950 年有 1 个不幸的孩子被杀害。然后，1951 年就有 2 个，1952 年有 4 个，1960 年超过 10 000 个，1970 年超过 100 万，1980 年超过 10 亿，1990 年超过 1 万亿。

令人惊讶的是，我们可以发现这个报道几乎一字不差地被重复着。例如，《安全地待在学校里》第二版（切斯特和塔米·夸尔斯，2011）说："自 1950 年以来，死于枪杀的美国儿童数量每年都在翻倍增长。"

似乎这个特定的例子在最初转录时产生了小小的失误；最初的版本可能是"自 1950 年以来翻了一番"，或者时间单位应该是 10 年而不是年。

路透社在 2014 年发表的一张图表是我所见过的最奇怪的图表之一。图 11.3 显示了佛罗里达州 20 年来的枪击谋杀案数量。乍一看，图表似乎表明实行"不退让法"后，谋杀率有所下降，但实际情况却相反——图表数字是向下递增的。

如果我们以正确的方式绘制数据，图表似乎显示在该法律实行后，谋杀率有所上升，尽管我们当然不知道这两者是存在

佛罗里达州的枪击死亡数

枪杀数量

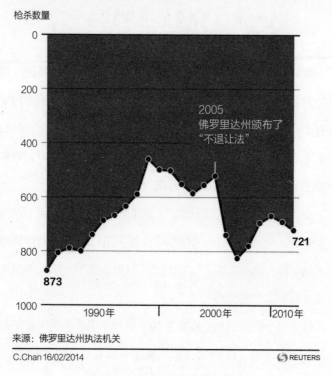

2005
佛罗里达州颁布了
"不退让法"

873

721

1990年   2000年   2010年

来源：佛罗里达州执法机关

C.Chan 16/02/2014

REUTERS

图11.3 "不退让法"和枪击死亡数

因果关系，还是仅仅有相关性。

11.4 总结：学会思考信息源的目的

这一章的教训是我们要思考信息的来源，并问问自己它们是否有什么目的。这适用于烟、糖、咖啡因、酒精、大麻和其他几乎所有我们喜欢的东西所带来的健康风险。它还适用于枪支管制，尤其是美国的情况，也适用于气候变化（同样，尤其适用于美国的情况）。强大的商业和政府利益试图影响我们，并且它们有资源可以高效地做到这一点。

在评估信息的有效性和准确性时，我们总是要考虑信息的来源。人们很自然地想要强调那些能表明自己想要的观点的数据，而忽略那些不支持某一立场的数据，涉及金钱或政治时，这种倾向会更强烈。"跟着钱走"是一个很好的建议。立场越极端，就越有可能存在某种偏见——就像奇迹和魔法一样，与众不同的主张需要非常好的证据来支撑。

第 12 章

用小学水平的算术评估数字

我从不擅长数学。

(太多的人这么说)

如果每有一个学生对我说"我从不擅长数学",我就能得到一美元,那这笔钱虽不足以让我立刻退休,但也肯定足以请我的家人和几个朋友去某个地方吃一顿豪华晚餐。我认为,在大多数情况下,并不是人们不会算术,而是老师教得不好、缺乏练习、动力不足等因素的综合作用,导致他们甚至没有尝试就放弃了。

其实可以避免这种情况。在本章中,我们会学习一些技巧,帮助你在必要时评估别人给出的数字,并在需要时产生你自己的数字。还有一些捷径可以简化算术,不用借助计算器,甚至不用铅笔和纸。

就像我之前说的,这不是你在学校可能体验过的"数学"

噩梦；它只不过是小学水平的基本算术，而且更简单，因为你可以走捷径简化计算。我想，有了一些经验后，你会发现那种自由让你得到释放。

12.1　做数学题！

丰田每辆车节省了10美元。按丰田汽车去年销售的302 000辆凯美瑞计算，这相当于丰田汽车每年节约了3020万美元。

（《纽约时报》，2006年1月13日）

哎哟！应该是302万美元。2或10的乘除很容易，10的幂次方运算也不难。这样的错误不应该发生，就算发生了也应该很容易发现。

如果你多加练习，你会更擅长算术。从一些简单的运算开始，比如当你看到下面这样的隐式计算时，要检查数量级——10的幂次方：

每年将花费2亿美元，然后需要3到4年时间。总花费将近1万亿美元！

（比尔·奥赖利，福克斯新闻频道，2010）

哎哟！这里的"1万亿"应当是"10亿"。

思科的股票暴涨，在 2000 年 3 月，互联网泡沫达到顶峰时，思科是世界上价值最高的公司，股票市值为 5.55 亿美元。有些人认为它会是世界上第一家市值达到万亿美元的公司。

（《多伦多环球邮报》，2017 年 12 月 24 日）

哎哟！这里的"5.55 亿"应当是"5550 亿"。

有了数据后要检查百分比：

Pebble 裁掉了 25% 的员工，也就是发放了 40 份解雇通知书，现在只有 80 名员工了。

（slashdot.org，2016 年 3 月）

哎哟！如果 25% 是 40 人，那么 100% 就是 160 人，那么 Pebble 应该还有 120 名员工。出错了。

有时候没有明显的原因可以解释为什么计算错误：

在加州，自来水的价格大约是每加仑 0.1 美分，而瓶装水的价格是每加仑 0.90 美分。瓶装水比自来水贵 560 倍。

（BusinessInsider.com，2011 年）

我怀疑 "0.90 美分" 应该是 "90 美分"，因此瓶装水的价格是自来水的 900 倍，但 "560" 这个数字却不知从哪里冒出来的。

在所有这些例子中，诀窍都在于开始行动。与其相信某些说法的表面数值，还不如快速计算检查一下。你只需要花一点时间就能确定，数字是 "看起来挺对" 还是 "不太对劲"。

12.2   近似算法和整数

你肯定已经注意到，在确定某个数字是否合理的过程中，我们无情地将数字四舍五入为 2、5 或 10 的公倍数，并调整数字以便其被其他数字乘除。这个方法屡试不爽，因为我们的任务是确定某个数字是否在正确的范围内，而不是确定它是否完全正确。实际上，对于我们讨论过的许多事情，根本就没有 "精确" 或 "正确" 的概念，因为没有人知道计算所涉及数据的精确值。

从某种意义上说，这是似是而非的精确度的另一面。当计算所涉及的数字是近似值时，计算出精确的结果是不合理的。同样，如果结果只能是近似值，那么原始数据也不需要非常精确。

简化计算的一种方法是用整数开始计算，然后在必要时进行调整。例如，在本书的不同章节，我们使用的美国人口的值不尽相同，从 3 亿到 3.3 亿不等。无论如何，这最多是 10% 的误差，所以我们的最终结论不会因为这个数字不完全准确而导致超过 10% 的误差。此外，如果像 3 亿这样的整数能使算术更简单，我们可以直接使用它，然后最终将结果按比例扩大或缩小 10%。这比一直使用 3.3 亿进行计算简单得多。类似地，我们假设的美国人的预期寿命从 65 到 80 岁不等。同样，这通常已经足够好了，因为我们最多有 20% 的误差。

12.3 年比率和终生比率

美国癌症协会称，2003 年美国将有近 221 000 例前列腺癌新发病例——每 6 名男性中就有 1 例。估计有 28 900 名男性将死于这种疾病。

（http://www.endocare.com/pressroom/pc_treatment.php）

每 6 个男人中就会有一个得前列腺癌。每 35 个男人中就有 1 人会死于这种疾病。

（美国癌症协会）

注意这两种说法的区别：今年被诊断出前列腺癌的概率和一生中患上前列腺癌的概率。第一段引用数据犯了一个常见的错误，把年度风险和终生风险混淆了。这显然不可能正确，美国有 1.5 亿男性，所以 22.1 万远不及其中的六分之一。另一方面，每年大约有 200 万男性步入 65 岁。如果六分之一的人在 65 岁生日时被诊断出前列腺癌，这大约是 33 万人，比给出的数字高出 50%，但这并非不合理。

在女性健康问题上很容易找到类似的例子，比如乳腺癌。下面的更正就是个例子，原来的报道混淆了相对比率和绝对比率：

> 2010 年，每 10 万名黑人女性中，死于乳腺癌的人数为 36；每 10 万名白人女性中，死于乳腺癌的人数为 22。也就是说，黑人女性与白人女性之间的比率是 1.64 : 1。并不是说田纳西州死于乳腺癌的黑人女性是白人女性的 14 倍。
>
> （《纽约时报》，2013 年 12 月 25 日）

死亡率通常以每 1000 人中每年死亡的人数来表示，或者像这个例子一样，是每 100 000 人中死亡的人数。它们预计的是在这么多人的一个群体中，死于某种疾病的人数。上面说，在田纳西州的 10 万黑人妇女中，有 36 人会死于乳腺癌，而 10 万白人妇女中则是 22 人会死于乳腺癌。36 除以 22 得到 1.64，因此田纳西州黑人女性死于乳腺癌的风险是白人女性的 1.64 倍，而不是 14 倍。我猜 "14" 一定是简单地用 36 减去 22 而得出来的，而不是通过计算比例算出来的。

12.4 2 的次方和 10 的次方

许多有关科技的数字都包含 2 的次方，因为计算机使用的是二进制数字系统，它以 2 而不是 10 为底数。

在大多数情况下，这与我们的日常生活没有什么关系，但偶尔我们会想到它们。原来，2 的次方和 10 的次方之间有着密切的关系，这使得某些运算变得非常容易。

计算 2 的 10 次方，也就是说将 2 乘以自身 10 次，结果是 1024，我们可以很容易地通过连续的序列 1，2，4，8，16，32……来检查。1024 接近 1000，也就是 10^3，大约多了 2.5%。现在看看 2^{20}，也就是 2 乘以自身 20 次，也是 1024×1024。结果是 1 048 576，比 100 万，也就是 10^6 多 5%。

如果我们对 2^{30} 重复这个步骤，我们会发现结果大约超过 10 亿，也就是比 10^9 多 7.5%。每一个 2 的 10n 次方都近似于 10 的 3n 次方。近似值会越来越不准确，但足以适用于很大的范围了。例如，2^{100} 只比 10^{30} 大 27%。

在《隐藏的逻辑》（2007）一书中，作者马克·布坎南说："拿一张极薄的纸，比如 0.1 毫米厚。现在假设你把它对折二十五次，每次它的厚度都会翻倍。最终它将有多厚？几乎每一个被问到这种问题的人都严重低估了结果。"

现在，你自己估计一下。你可以将 2 乘以自身 25 次，然后乘以 0.1 毫米。但你可以利用 2 的次方和 10 的次方之间的关系来简化这个算术：2^{25} 是 2^5 乘以 2^{20}，2^{20} 大约是 100 万。当然，这并不准确，但已经足够提供一个不错的估计值。

做完这个练习，你就可以确定你是否比"几乎所有人"都厉害。我敢肯定是的，但我们还是确认一下。

在你自己计算这个问题的时候别看书，稍微停顿一下……

结果的近似值是 3200 万乘以 0.1 毫米，也就是 320 万毫米，或 3.2 千米（2 英里）。如果我们使用 2^{25} 的精确值，即 33 554 432，你会发现它不会产生任何实际的差别，因为纸张的厚度 0.1 毫米只是一个近似值。这个经验很有用，我会不断重复：近似值是你的朋友——你很容易就能得到足够好的答案，因为一个方向上的小误差可能会被另一个方向上的其他误差所抵消。

这个例子解决完毕，我再举一个。喜剧演员史蒂文·怀特像往常一样面无表情地说："我有一张美国地图……是真实比例的地图。上面写着：'比例尺：1 英里 = 1 英里。'去年整个夏天我都在叠它。"简单起见，假设地图为 4000 千米 × 4000 千米。要把它对折多少次才能折成边长 1 米的正方形？你可以忽略一张纸折叠不了几次的实际情况——这只是一个思维实验。

如果原始地图是用 0.1 毫米厚的纸做的，那么折叠后的地图会有多厚？

我们估计纸张厚度是 0.1 毫米，这个值是过高还是过低了，还是说差不多正确？为什么？你可以观察打印机附近的大量纸张，或者看看这本书有多少页，来估计纸张的厚度。

12.5　复利和72法则

> 本杰明·富兰克林在他的遗嘱中给费城和波士顿
> 留下了 1000 英镑，并规定这些钱必须以每年 5% 的利
> 息贷出去。因为有复利，富兰克林计算出 100 年后他
> 留给这些城市的遗产将价值 13.1 万英镑。
>
> （美国教师退休基金会参与者，2003）

本杰明·富兰克林于 1790 年逝世，所以到 1890 年，他的遗产应该相当值钱，但每座城市 13.1 万英镑似乎是一笔不小的数目，这个数字是对的吗？

在一系列相同的时间周期中，某个量在每个周期都会以固定的百分比增长，这就是复利效应，72 法则是一种估计复利效应的经验法则。72 法则说的是，如果一个量在一个时间段内以 x % 的复利计算，翻倍所需要的时间大约是 72/x。例如，如果大学学费每年上涨 8%，72/8 年后，也就是 9 年后，大学学费将是现在的两倍。但是，如果学费上涨缓慢，比如说每年增长 6%，翻倍则需要 72/6 年，也就是 12 年的时间。如果通货膨胀率是每年 3%，24 年后物价会翻倍，也就是说，你藏在床垫下的钱 24 年后只能买到现在一半的东西。

相反，如果给定了翻倍的时间，则可以通过 72 除以时间周期数来计算增长率。例如，如果一辆新车的价格在过去的 12 年中翻了一番，那么它每年以 72/12，也就是 6% 的速度涨价。

记住几个这样的例子，你就可以再创造出其他规则。

回到本·富兰克林的例子。按每年 5% 的利率计算，翻倍的时间是 72/5，也就是大约 14 年：每 14 年左右，他的遗产价值就会是前一时期的两倍。100 年内翻番 7 次多（7 乘以 14 是 98），2^7 是 128，所以 1000 英镑会变成 128 000 英镑。再加上两年的利息积累，13.1 万英镑显然是正确的。确切的值，可以用计算器算出来，是 1000 乘以 1.05^{100}，也就是 131 501。

金钱计算复利时比单利时的增长快得多，因为每个周期的利息都加到下一个周期的投资总额中去了，这一点并不总是能得到人们的认可。我曾经在国家公共广播电台听过一个故事，说利率为 20%，5 年内你的钱就会翻倍。这只有连续 5 年把利息藏在床垫下才会成立，因为这样利息就不会增值。72 法则表明，利率为 20% 时，本金翻倍的时间约为 3.6 年；准确的值要长一点（3.8 年）。如果你按利率 20%、周期为 5 年来计算，最后本金将几乎是原来的 2.5 倍，比美国国家公共电台提供的数字更大。

人们必须注意复合变化和线性变化之间的区别。例如，

> 阿尔卑斯冰川每年有 1% 的冰消融，即使假设融化速度不会加快，到本世纪末冰川也将全部消失。
>
> （气候变化网站，2010）

72 法则告诉我们，如果冰川以每年 1% 的速度融化，72 年后只会融化一半，144 年后只会融化四分之三。当然，这是对融化这个物理过程的一种粗略的过度简化，所以最初的说法很可能是正确的，只是我们不能从错误的计算中得出这一结论。

因此，德雷克在 1580 年赚回家的每 1 英镑（按 3.5% 的复利累积）现在都已经变成了 10 万英镑。这就是复利的力量！

（约翰·梅纳德·凯恩斯，

《我们后代的经济前景》，1928）

涉及长期复利时，你可以用 72 法则来判断凯恩斯的计算是否准确。

如果增长率过高，72 法则就失效了，但对于我们日常生活中遇到的各种增长率和时间段来说，还是够用的。72 法则还假设在整个周期内，复利是一致的。这种假设通常很好用，至少足以帮助我们得到合理的答案。

12.6　它在呈指数级增长！

在过去的 11 年里，网民数量平均 1 年翻一番，预计在未来 10 年或更长时间里还将呈指数级增长。

（环境网站，2001）

2001 年这个说法出来的时候，可能有 1 亿人在使用互联网。如果这个数字继续每年翻一番，直到 2011 年为止，将有超过 1000 亿人使用互联网。这一数字是地球人口总数的 10 倍多，所以是不可能的。

即使我估计的 2001 年的网民数量"1 亿"应该是"1000 万"，10 年来每年翻一番也会有 100 亿用户，而我们现在的人口也还没有这么多。增长仍可能是指数级的，但翻倍所需的时间肯定不止"1 年"。

这里有两个有用的经验。一个是术语意思的变化："指数级"这个词已经变成了"快速增长"的意思，精确的数量意义已经消失了。

电池的能量容量每年增长 5% 到 8%，但需求却在呈指数级增长。

（关于电池的新闻报道，2006）

"指数级"增长意味着复合增长，这显而易见。如果容量以每年 8% 的速度增长，那就是指数级增长，电池容量将在大约 9 年内翻一番。如果增长率为 5%，那翻倍的时间可能是 14 年，但这种增长仍然是指数级的。

另一个经验是，任何真正的指数级增长都不可能永远持续下去：总有东西会耗尽。

在过去的 30 年里，我们一直在加大全国的禁毒力度。自尼克松向毒品宣战以来，禁毒战的预算每年都翻一番。

（网站，约 2005 年）

尼克松于 1974 年下台，所以 2005 年上述说法发布时，禁毒预算翻番 30 次。回想一下 2^{30} 大约是 10 亿。即使尼克松最初的预算只不过是象征性的 1000 美元，到 2005 年也该超过 1 万亿美元了。

禁毒战的实际成本是多少，人们的估计自然是各不相同，但人们一致认为每年约有 300 亿美元用于打击毒品犯罪。也许作者原本的意思是"每 10 年"翻一番？这样的话仅是最初的 8 倍，看起来挺小，但肯定是有可能的。

自 20 世纪 60 年代以来，瑞士百岁老人的数量每年都在翻倍增长。

（《伊朗日报》，2015）

即使 1965 年只有一个百岁老人，到 2015 年也会有 2^{50} 个百岁老人；对于一个小国来说，这是一个很大的数字。报道继续写道："1941 年，100 岁及以上的人只有 17 个；2001 年则有 796 个。"也就是说，在 60 年间，这个数字变成了原来的 47 倍。

如果周期应该是 10 年而不是 1 年，那就意味着一共翻了六番，或者说是原来的 64 倍，这是在合理范围内的。

12.7　百分比和百分点

> 他们说，这将为他们的 78 亿美元预算节省 1000 万美元。这比 1% 的 1/1000 略多一点。
>
> （《纽瓦克星报》，2015 年 1 月 7 日）

在处理百分比时很容易出错，因为有 100 这个因子在作祟；用错了，就会导致 100 倍的误差。在上面那行引文中，让我们把 7.8 四舍五入为 10，可以简化运算。假设预算是 100 亿美元，它的 1%，就是 1 亿美元。1 亿美元的千分之一就是 10 万美元，而不是 1000 万美元。我怀疑作者想说的是 "1% 的 1/10"。

我们很容易混淆 100 倍和 1/100，但有时快速检查会帮助你找出错误。例如，

> 后来的版本中大约有 4500 份食谱，他从中挑选了 18 份，只占全书内容的 0.004%。
>
> （《纽约客》，2018 年 3 月 21 日）

先做简单的运算。4500 的 1% 等于 45，所以 18 一定略小

于 0.5%，即 0.4%。原来的值 0.004% 与正确值相差 100 倍。

一个百分点表示两个百分数之间存在 1% 的差距，例如 5% 和 6% 之间就相差一个百分点。百分点是语言会让我们犯错的又一个例子，类似于 degree Celsius 和 Celsius degree 之间的区别。《洛杉矶时报》2010 年 12 月的一篇文章称，奥巴马总统的减税方案将使社会保障工资税降低 2%；后来修正为"下降 2 个百分点，将预扣税从 6.2% 降至 4.2%"，这使预扣税减少了约 1/3，即 33%。

《纽约时报》2006 年 9 月的一篇文章称，一个州的销售税从 4% 提高到 6%，增加了 2%。这实际上是增加了 2 个百分点，而不是 2%，所以销售税增加了 50%。百分点令人困惑，别人使用百分点时我们要小心，自己则要避免使用百分点。

分数和百分比之间的转换也会导致混淆：

> 作为退休后创收的一种方式，炒股已经失宠了。目前只有 1/5 的员工认为股票和股票型共同基金会占他们退休收入的大头，而 2007 年有 24% 的人这么认为。
>
> （金融建议网站）

"1/5"是 20%，与 24% 相比略有下降，但并不能说是"失宠"。说得更清楚一点，过去有 24% 的工人倾向于把他们的退休基金用来炒股，而现在这个比例是 20%。

12.8　有起必有落，但方式不同

> 在前任经理的领导下，哈佛捐赠基金组织的规模
>
> 增长了 33%，但新经理将削减 25% 的人员。
>
> 　　　　　　　　　　　　（《纽约时报》，2009 年 2 月 7 日）

因此，最后哈佛捐赠基金组织（大概管理着哈佛数十亿美元的捐赠基金）规模的净增长率为 8%。是这样吗？

这是一个很好的例子，说明了在讨论百分比变化时经常遇到的问题：如果某个事物的增长率上升后确实又下降了，那它下降的百分比是不同的。

为了说明这一点，让我们从一个特定的数字开始，这通常是一种很好的入门方式。假设捐赠基金机构起初有 75 人，这个数字将简化我们的后续计算。增长了 33% 就是增加 25 人，那么员工就有 100 人了。新经理上任后，100 名员工中有 25% 会被解雇——也就是 25 人——基金组织又回到了起点。

之所以会出现这种有点反直觉的结果，是因为第二个百分比是基于新值而不是原始值计算出来的。再举一个其他领域的例子，如果某只股票的价格下跌了 50%（这并非闻所未闻），那么它必须再次上涨 100% 才能回到原来的价值。投资者并不总能理解这个不幸的事实。

看看图 12.1 中的总收益曲线图，这是几年前由一家共同基金发布的。每个竖条都代表某一年份与前一年相比，收益或损失的百分比。

假设在 2000 年初我们投资 1000 美元。第一年年底，我们的投资值 1075 美元，第二年年底，价值 1021 美元（这是 1075 的 95%）。

每年这样下去，到 2007 年底，我们的投资价值 1476 美元，这是相当不错的。

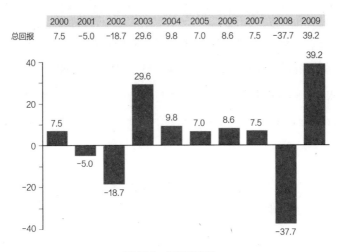

图12.1　有涨就有跌

不幸的是，2008 年对所有的投资者来说都是糟糕的一年，下跌 37.7% 后，我们的投资价值跌到了 919 美元，比 9 年前我们刚开始时的投资价值还低！

2009 年的反弹幅度为 39.2%，仅回升至 1280 美元，与

2005 年底的水平大致相当。（所有这些都不计通胀的影响。）当一个值下跌百分之若干后，它以同样的百分比再次上升时，也无法恢复到原来的值。请注意百分比计算用的是哪个基数。

> 根据 2008 年的人口普查数据，在拥有学士学位的人中，收入中位值为 47 853 美元，而只有高中文凭的人，收入为 27 448 美元，前者比后者高出 43%。
>
> （伊克塞尔希尔学院广告，2010）

47 853 与 27 448 的比是 1.74，所以拥有学士学位的人，收入要高出 74%，而不是 43%。另一方面，27 448 对 47 853 的比率是 0.574，所以高中文凭持有者的收入只有学士学位持有者收入的 57%。最初的"43%"大概就是 100 减去 57 得出来的。

正确的结论是，与拥有学士学位的人相比，只有高中文凭的人收入要低 43%。

12.9　总结

日常的数字自卫战所涉及的大多数运算都很简单，不比乘法和除法难多少。通过练习，你可以做得更好。例如，在餐厅时如何计算小费？假设账单是 50 美元。不要使用手机上的应用。计算 10% 的时候只要把小数点往左移一位，那就是

5 美元。付 20% 的小费就乘以 2，即 10 美元。15% 的小费，就是加上 5 美元的一半，一共 7.5 美元。付 18% 的小费，把 20% 的小费再降低 10%，得到 9 美元。怎么四舍五入你自己看着办。

近似值是你的朋友。你可以安心地将值四舍五入到更容易计算的邻近数字。一系列近似数字到最后通常会得出一个好的答案。情况并非总是如此，但如果一个近似值过高，通常某个近似值会过低，互相抵消保持平衡。

你可以始终保持保守，四舍五入为大的整数以确保估计值足够大，或者四舍五入为小的整数以确保估计值足够小。例如，我们之前估计美国人的预期寿命约为 75 岁。如果这个估计值过低，那么我们计算的每年死亡人数就太高了（因为我们应该除以 80 之类的数字而不是 75）。美国人的实际预期寿命接近 79 岁，所以我们估计的死亡人数、步入 65 岁的人等，都高出了大约 5%（79/75）。

有一些关于数字的经验规则能帮到我们，特别是涉及复利时，72 法则就很有用。

注意百分比，如果你不注意看数字是表示百分数还是分数，就很容易混淆 100 倍和 1/100，并且我们必须注意计算百分数时该使用哪个基数。

第 13 章

如何做出基于事实的估计

美国人每年丢弃 500 亿个塑料水瓶；制造这些塑料需要
200 亿桶石油，过程中排放了 2500 万吨温室气体到大气中。

（环境网站的博客帖子，2015 年 9 月）

我们已经花了相当多的时间评估别人给我们的数字，经
常发现严重的错误。（当然，这是因为样本偏差，对于本书
而言，大多数数字准确的例子不那么有趣，也不太具有教育
意义。）

我们没有花同样的时间从常识和经验出发，给出自己的数
字。让我们来试试看，首先试着自己独立估计一下美国每年使
用的塑料水瓶的数量。先做出自己的估计是一种很好的练习，
通常还可以帮助我们开始评估其他人的数据，比如上面引文中
的那些数字。

开始干吧——运用你的生活经验，做出你自己的估计。

149

13.1　先做出你自己的估计

在这种情况下，由个体到一般的推理方法似乎是最好的。你一周通常使用多少个塑料水瓶？我自己用得不多，因为我很少待在需要随身带水的环境中，当地的供水系统很好，而且我的办公室走廊就有一台饮水机和过滤器。我没有数过，但我猜，一年平均下来，我的用量是每周一瓶左右。

想想你自己的用量，和你认识的人相比是多是少。从你的经验来看，典型的用量是多少？合理的范围可能在一天一瓶到一周一瓶之间，有大量的极端值。每周一瓶的话，相当于每人每年 50 瓶，全国每年的用量大约为 150 亿瓶。每天一瓶的话，大约是每年 1000 亿瓶。

因此，合理的估计值应该在 150 亿到 1000 亿之间。我们可以取这些值的平均值，大概是 600 亿，但实际上，使用几何平均值更好，也就是乘积的平方根。在这个情况下，是 150 亿乘以 1000 亿结果的平方根，也就是大约 400 亿。几何平均值更好，因为在算术平均值中更大的值占优势。想想 1000 和 100 万的平均值：50 万。几何平均值是 30 000。如果我们不确定两端的值，几何平均值会更好。

有了这个大概的估计，"500 亿"听起来是合理的，尤其是考虑到"废弃"有可能意味着"丢弃或回收"。这也与一些报道所说的美国人每年饮用 90 亿加仑瓶装水的说法一致，因为一加仑大约等于 5 到 10 瓶水。

既然我们谈到了这个话题，那么制造这些瓶子需要"200亿桶石油"这一点呢？如果要用 200 亿桶石油来制造 500 亿个瓶子，那么制造一个瓶子就需要 4 /10 桶石油。如第 2 章所述，一桶油是 42 加仑，所以这意味着制作一个塑料水瓶需要将近 17 加仑的油！即使这个数字包括制造和运输瓶装水时的石油用量，它也肯定过高了。这次又是我们的老朋友"百万"（million）和"十亿"（billion）误用产生的错误吗？

我们可以计算一下（这次就不劳烦你们亲自算了），假设应该是 2000 万桶油，制造一个一盎司重的塑料瓶需要大约两盎司的石油。我对制造过程了解得不够多，无法亲自进行评价，但这个数字与各种网站上的数据是一致的。

我们还可以回想一下第 1 章中的一个例子，我们计算出美国汽车每年的石油消耗量是 25 亿到 30 亿桶。我们制造塑料瓶所用的石油可能是开车时所用的 6 到 7 倍吗？

引文中的第三个数字，在生产过程中排放到大气中的"2500 万吨"温室气体又对不对呢？算一下，生产一个塑料瓶会产生一磅的温室气体。老实说，我不知道是不是对的——尽管这个值看起来很高，但人们经常犯的错是搞混吨和磅，这样算出来的值是过低了。要判断这个值是否正确，我们需要更多的信息。

13.2　练习，练习，练习

想要更擅长估计，最好的方法就是练习。日常生活中有无数机会，如果你经常尝试，你很快就会变得擅长。这也是一种书呆子式的乐趣。

这里有一个我很喜欢的例子。图13.1所示的是普林斯顿大学一座建筑前的一门大炮。故事是这样的：1777年普林斯顿战争之后，乔治·华盛顿把这门大炮留在了这里。1812年战争期间，它被迁往北面15英里处的新不伦瑞克，然后在1838年被送回了普林斯顿。大多数学生一周路过它几次，甚至一天几次。

他们看到了这门大炮，又好像没有看见一样。多年来，我一直要求班上的学生估计这门大炮的重量。考虑到你可能没有

图13.1　新泽西州普林斯顿大炮俱乐部前的大炮

亲眼见过它，这里告诉你一些信息。它大约 10 英尺长，大炮尾部的直径为 24 英寸，炮口为 15 英寸。它发射的可能是 6 英寸的炮弹。

它有多重？花点时间自己估计一下，然后我们再讨论。

多年来，我一直在问学生这个问题，得到的答案五花八门。目前最大的估计值是 30 万磅（！！），最小的估计值是 50 磅（！！）。多大的值才是合理的？

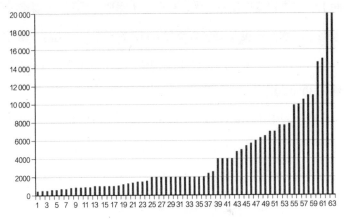

图13.2　大炮的估计重量（磅）

我个人的估计是大炮有 10 英尺长，如果忽略中间的洞，截面的平均面积是 1 英尺 ×1 英尺，所以无论它是什么材质做的，体积都大约是 10 立方英尺。18 世纪的大炮是铸铁制品。我还记得大学时学到的一个有用的工程知识是，铁的密度大约是每立方英尺 450 磅，所以这门大炮的重量大约是 4500 磅。

如果你更喜欢公制单位，它的体积大概是 3m × 1/3m × 1/3m，也就是 1/3 立方米。铸铁的密度大约是每立方米 7500 千克，所以重量大约是 2500 千克，或者说大约 5500 磅。这两个估计值之间的差距在大约 20% 的范围内——考虑到我对外形尺寸的随意估计，这已经足够接近了。

如果你连大炮的材质都不知道，更别提密度了，那该怎么办？你可以肯定的是，它的密度比水大，否则大炮就会浮在水面上。它的密度应该相当大，否则就不需要士兵和马匹来移动大炮了。水的密度是每立方英尺 60 磅多一点，知道这个数字很有用。所以如果铸铁的密度是水的 5 倍，那就意味着它的重量在 3000 磅左右。

我上面引用的极端值很可能是那些为了应付要求的学生随便写下的，而不是他们思考过后的结果。反向推理：如果一门大炮只有 50 磅重，那么革命战争中一个普通的士兵就可以把它夹在腋下，至少夹一段时间还是可以的。

你肯定听说过"群体智慧"这个说法，即如果一群人对某件事做出独立的估计，他们的平均估计值会相当准确。

这就是我在大炮上的经验：虽然异常值有时非常离谱，但中位数在 2000 磅左右——太低了，但也没有低到荒唐的地步；而平均值更接近 5000 磅——更准确了，但部分原因是一些异常值太高了。图 13.2 是我一个班级的估计，按重量递增的顺序排列。中位数是 2000 磅，平均值是 4240 磅。

我真的不知道大炮的实际重量。我曾经问过历史系的一个朋友，他说他也不知道，他告诉我："历史学家不进行测量，我们只讲述故事。"尽管我认为，他是为了修辞效果而淡化了定量数据对历史学家的重要性。一位对军事历史感兴趣的朋友做了一些研究，我们认为，这门炮是英国的一种 24 磅榴弹炮，可能重达 5000 磅。

13.3　费米问题

芝加哥有多少钢琴调音师？

（来自恩里科·费米）

恩里科·费米是一名出生于意大利的物理学家，1938 年为了躲避法西斯主义而移民到美国。他获得了 1938 年的诺贝尔物理学奖，1942 年在芝加哥大学建造了第一座核反应堆，他也是曼哈顿项目团队的关键成员，他们于 1945 年制造出了第一颗原子弹。

费米有众多才能，其中之一是，他能够在没有足够信息的情况下，对重量做出出色的估计。如今，这样的估计问题被称为费米问题，估计芝加哥钢琴调音师的数量就是典型的例子。这些问题有时也被称为"不需要复杂计算"的问题，因为你只需要一支铅笔和一张小纸片就能把答案算出来。

物理和工程课上经常用到费米问题，教学生如何做出合理的假设和近似估计，同时保持维度正确。这些问题大多比我们在日常生活中遇到的更专业、更技术化，但其精神和方法是相同的。最大的不同是，在得到答案之前，我们不需要对未知信息做出很多有根据的猜测。

这里有几个这些年来我用过的例子，也有从别人那里借来的例子。学生们告诉我，这样的问题有时会出现在工作面试中，面试像金融或咨询这样的准技术职位时更容易碰到，所以练习是有帮助的。边看边做出你自己的估计，之后我会告诉你我的答案。

- 在一个给定的空间内，例如一个橄榄球场或足球场内，如果人们彼此按正常间距站立，这个空间能容纳多少人？这是一个很好的练习，可以帮助我们计算集会和抗议等公共活动的人群规模，在这些场合，官方的估计有时会有争议。（唐纳德·特朗普对 2017 年 1 月出席自己就职典礼的人数做了估计，与更为客观中立的消息来源相比，他给出的数字大了两到三倍。）

- 每年秋天我的草坪上铺满了落叶，清理的时候我要扫走多少片叶子？总感觉有几十亿片，但我可以边工作边估算，打发一些时间。我有 6 棵大橡树和枫树。

- 如果字节存储在像图 13.3 这样的标准笔记本电脑磁盘上，你现在所在的房间能容纳多少拍字节？忽略电线、电源之

图13.3　一台笔记本电脑的几GB内存

类的东西。我在一门为非技术类学生开设的基础计算课程中使用了这个问题。

- 你身体的表面积是多少？

- 一辆装甲车能装多少现金？这个问题来自一本关于估算的书稿，作者是奥林工程学院的圣乔恩·马哈詹，我借来一用。

- 一辆校车能装下多少个高尔夫球？据说这是谷歌的面试问题，不过我问过的每个谷歌人都对此表示怀疑，至少技术职位没遇到过这个问题。

- 为了拍摄街景，谷歌在你的国家行驶了多少英里？用了多少汽油？花了多长时间？存储了多少数据？花了多少钱？

13.4 我的估计

你先尝试自己解答了吗？这是一种很好的练习，也是一种合理性检查——如果我们的答案大相径庭，肯定有地方出错了，最好能理解为什么会出错。读下去的时候，注意一下我的运算多么粗略，问问自己如果计算更精确，答案是否会有很大的变化。

• 能容纳多少人？如果两个站立的人之间的距离是 1 码或 1 米，那么每个人占据的面积就是 1 平方码或 1 平方米。一个长 100 码、宽 50 码的橄榄球场可以容纳 5000 人。距离更近一些，人数会增加。根据第 6 章对面积的讨论，你应该能够轻松地计算出间距变小后能容纳多少人。

• 有多少片叶子？假设一棵树是一个长、宽、高都约为 40 英尺的大盒子，顶部和侧面覆盖着叶子。（树叶需要阳光，所以它们是在外部，而不是在内部。）表面积是 5×40×40=8000 平方英尺。如果一片叶子的面积是 4 英寸 ×4 英寸，那么 10 片叶子就会覆盖一平方英尺，所以每棵树有 10 万片叶子。有 6 棵树的话，我可能扫过上百万片叶子了，但感觉肯定更多。

• 多少拍字节？我坐在一个大约 15 英尺 ×15 英尺 ×8 英尺大的房间里，体积约为 2000 立方英尺。一个磁盘大约是 3 英寸 ×4 英寸，所以 10 个磁盘的面积是 1 平方英尺。如果每个磁盘是 1/4 英寸高，那么垂直方向上每英尺就有 50 个磁盘，

图13.4 10亿片叶子?

所以每立方英尺有 500 个磁盘，乘以 2000 立方英尺，总共是 1 000 000 个磁盘（10^6）。如果笔记本电脑磁盘的容量是 1 太字节（10^{12}），那么该房间能容纳 10^{18} 个字节：1000 拍字节，或是 1 艾字节。如果磁盘容量较小，结果会更小。如果磁盘容量为 500GB，那房间将会容纳 0.5 艾字节。

- 身体的表面积？为了做出这个估计，我把自己想象成一个 2 米高、1/4 米宽的矩形实体；忽略顶部和底部，四个表面每个都是 0.5 平方米，所以总共是 2 平方米。这显然是一个粗略的、过度简化的计算，但我向你保证，我就是这么算的。为了检查，我们进行谷歌搜索，第一个答案（medicinenet.com）说："成年男性的平均身体表面积：1.9 平方米。成年女性平均身体表面积：1.6 平方米。"你可以用其他体型做实验，看看估计值是如何随着细节的多少和精确度的大小变化而变化的。

- 多少钱？这类似于拍字节的那个问题。一沓 50 张的钞票大约有 1/4 英寸厚，每平方英尺大约有 12 沓，所以一英寸厚的一层就有大概 2000 张钞票，或者说一立方英尺有 20 000 张钞票。假设是一辆体积为 5×5×10=250 立方英尺的装甲车，那么它就能装 500 万张钞票。如果钞票面值是 20 美元，那一共就是 1 亿美元。当然，这个分析忽略了重量；这么多现金可能太重了，卡车都装不下，而一辆飞驰的快车容量甚至更小。马哈詹得到的数值差不多，并且还引用了一些有用的验证数据，比如一起典型的装甲车抢劫案中，歹徒抢走了 100 万到 300 万美元。

• 多少个高尔夫球？一辆美国校车大约有 30 英尺长，内部尺寸是 6 英尺乘 6 英尺，所以它的体积大概是 1000 立方英尺。一个高尔夫球是个边长约为 1 英寸的立方体（毕竟只是近似运算），所以 1 立方英尺大约能装下 2000 个球，因此，一辆校车的总容量约为 200 万个球。问孩子们这个问题很有趣，和我相比，坐校车对他们而言远没有那么久远。他们会因为偏题而导致解题速度变慢，比如他们会问："座位被移走了吗？"但是一旦他们了解了问题的本质，就会做得很好。

• 谷歌开了多远的距离？粗略估计，美国有 3000 英里宽，1500 英里高。如果每个方向每英里都有一条路，那就一共有 1500 条长 3000 英里的东西方向的路，以及 3000 条长 1500 英里的南北方向的路，总共 900 万英里。城市显然没有这种过于简单的模式那样稀疏，但对于美国中部的大部分地区来说，或许还真是差不多。(与谷歌的朋友聊了聊,这个估计值过高,但误差不会超过3倍。)你可以根据油价、使用数码相机或手机的经验等自行计算其他数值。

13.5　了解一些事实

如果你是基于实际知识做出的估计,那会更准确;因此,记住各种物理常数和换算因子是很有价值的——比如东西有多重,有多大,做某事需要多长时间。

下面是我的总结。除了上面列出的值,我还记住了一大堆事实,比如人口和不同地理区域的面积,以及一堆随机的日期。你的清单无疑会有所不同,但是基本的重量、度量和换算因子对每个人都很重要。当你做的估计越来越多时,你可以打造一个列表,这将帮助你做得更好。

一些有用的近似数字:

1加仑水重8磅

1立方英尺的水重60磅

1立方英尺的岩石或混凝土是200磅;松散的泥

土重100磅;金属重400磅

1升比1美夸脱多一点点

1千克等于2.2磅

1短吨等于2000磅;1公吨是1000千克或2200磅

1 米比 3 英尺或 1 码多一点

1 厘米是 4/10 英寸

1 英里是 1.6 千米

MP3 音乐每分钟 1MB；CD 音频每分钟 10MB

电费每度 10～20 美分

光速是 1 英尺每纳秒

声速是 1000 英尺每秒

60 英里每小时等于 88 英尺每秒

每天有 10 万秒，一年有 3000 万秒

一年有 250 个工作日、2000 个工作小时

13.6　总结：养成做近似运算的习惯

估计没你想象的那么难。它很简单，因为做的是近似运算，误差往往会互相抵消，你的假设不需要完全准确，只需要感觉差不多合理就行。

在你做出一个估计之后，试着用不同的假设和计算做出另一个估计来检查它，或者通过搜索在线资源来检查它。但先自己做出估计是帮助你更擅长估计的最佳方法。一旦你养成了这个习惯，你会进步得很快，你甚至会发现这是一个有回报的游戏。

我一个朋友在把东西放进购物车的时候，会在大脑里把价钱合计一下，四舍五入到最近的整数。结账时，如果他算的总

额与收银员的相差太大，那可能是某件商品被记了两次或者完全被漏掉了。有时这可以帮他省钱，但即使不能，也能锻炼他的算术能力——这是很好的练习，也很好地说明了近似运算是如何运作的：把价格四舍五入到最接近的整数，有些多了有些少了，但它们会互相抵消，所以总体误差不太可能超过 1 美元或 2 美元。

第14章

在万千数字中保卫自己

数盲，即不能很好地处理数字和概率的基本概念，困扰着太多公民。

（约翰·艾伦·保罗士，《教盲》，1988）

在前面的 13 章中，我们已经取得了很大的进步，我希望你能够更好地处理数字和概率的基本概念。现在是时候做一个简短的总结了，我会给出一些通用建议，帮助你在出发前全副武装，保护自己。

14.1　认识敌人

注意表明某个数字、计算或结论是可疑的、值得关注的警告标志。

如果我的取样靠得住的话，有数百万甚至数十亿个错误案例把百万、十亿和 1000 的其他次幂搞混。当你看到一个似乎过大或过小的数字时，试着考虑它对你个人的影响，把它缩小：估计你在这个大数字中所占的份额，并把它与你的生活和经历联系起来。这通常会使评价数字的可信度变得更容易。如果你要承担的国债或预算部分，用你钱包里的那一点点钱就足以支付，一定是有什么地方出了问题。

精确度过高是另一个值得怀疑的迹象。在日常生活中，要精确计算许多量是非常难的——比如收入、利润、成本、预算、变动率和人口。因此如果这些量的有效数位过多，那它肯定没有数字提供者营造出来的那样精确。这种过高的精确度可能是为了给人留下深刻印象，也可能是盲目使用计算器造成的。这种过高的精确度通常还和公制单位与英制单位之间的机械转换有关，至少在美国是这样。一段时间后，你就会认识一些常见的换算因子，并知道过度精确的数字是怎么算出来的。

注意算术错误。在计算时很容易出错：如果使用计算器或手机，你的胖手指不小心点错就会导致整个计算变得毫无意义。但是，如果你已经对某个东西的数量级有所估计，那么这就相当于你对自己的算术进行了一个独立的合理性检查，所以在开始计算之前，想想答案应该是什么。你应该至少能估计出误差在 10 倍以内的数字。

当然，随后还有错误的单位和维度。一英尺和一英里，一加仑和一桶，一天和一年之间差别很大。我们已经看到了很多这样的错误。有时你可以通过反推来检测它：如果错误的单位与正确的单位相去甚远，那结果就是没有意义的。

类似的建议也适用于维度的错误：注意平方和见方之间的差别。这是最常见和最简单的情况，但你可以通过思考涉及的维度来识别其他错误。面积是两个长度的乘积，所以它的单位是长度的平方，而体积是长度的立方。要检查这种问题，你通常可以忽略这些数字，只要检查单位是否正确就行。

14.2　小心信息来源

虽然我们看到的许多数字问题仅仅是粗心或缺乏思考的结果，但有一些错误肯定是有意误导读者或歪曲事实的。所以，思考信息来源总是明智的。想想他们的目的是什么？动机是什么？他们想让你相信什么？他们想向你推销什么？谁付钱让你看到这则信息？

虚假陈述可能以糟糕的统计数据的形式出现，或者像我们在第 10 章和第 11 章看到的那些具有欺骗性的图表一样。肯定还包括统计缺陷，如样本偏差或幸存者偏差。认为两者具有相关性等于存在因果关系的想法已经导致很多人误入歧途，这当然是有意识地误导人们，或让人们相信一些没有被证实，甚至可能不是真事的核心技巧。

因此，关键的问题是：这是谁说的？他们是谁？他们为什么关心这些？他们的数据来自哪里？他们是如何得出结论的？

当你看到数据时，问问自己他们是怎么知道的。他们怎么会知道？许多事情我们不可能知道确切答案，有些事情我们根本不能真正知道，所以当最多能得到一个粗略的近似值时，若有人声称他们知道精准的答案，你就要小心了。

外行人很难评估复杂的技术问题，如气候变化或各种物质对健康的影响，但谨慎对待信息来源是有益的。拉丁短语"cui bono"（谁受益？）在今天就像2000多年前西塞罗使用它时一样有用。

14.3 学习一些数字、事实和捷径

如果你自己知道一些事实，你会更擅长检查别人口中的"事实"。不管怎么说，了解人口、利率、规模、面积等还是有用的。我已经见过很多名为"你应该知道的数字"的列表，我自己也有一个不断更新的列表，其中许多数字已经出现在前面的章节中。

了解大致的地球人口数量（大约有70亿或80亿，取决于你是往大了还是小了去估算），以及你自己的国家、州、省或城镇的大致人口数量，会很有帮助。了解其他国家和城市的类似数值能够避免我们囿于眼界。我发现了解不同国家和城市的面积也很有用。

物理常数和换算因子值得了解。生活在美国，我们不得不学会英制和公制单位之间的转换，尽管如我们所见，盲目地这样做会导致数字过度精确，有时甚至完全错误。

学会做近似计算，这样可以快速检查别人的计算结果。我曾经看到过这样的句子："在这本书中，2×2×2 几乎总是等于 10。"这是简化算术的一个好方法：25% 的误差并没有太大的区别，如果它很可能被相反方向的类似误差所抵消，那区别就更小了。类似地，一个朋友告诉我他在物理中学到两个简化的等同规则：2 等于 1，但 10 不等于 1。

在所有算术技巧和捷径中，要记住的是利特尔法则、72 法则和计算复利时的 2 的幂次方。

熟悉科学记数法。这是处理大数字的最佳方法，比处理冗长的复合短语（如"百万百万万亿"）要好得多。在技术世界里，了解兆、吉和太这样的前缀也很有用。

14.4　运用你的常识和经验

归根结底，你最好的防御手段就是你自己的大脑。常识可以帮助你好好地保护自己，再加上你对现实世界的认知、你自己的经验和直觉，常识的作用会更加强大。

问问你自己：这个数字是太大了，还是太小了，或者差不多正确？它合理吗？如果它是正确的，又意味着什么？

做出你自己的估计。无论多么粗略，它们都可以引导你评价别人的说法，通过练习你会变得更加擅长估计，而且你会从中得到乐趣。

致谢

我非常感谢乔恩·本特利，他在手稿的每一页上都做了详细的修改。乔恩的贡献大大完善了这本书。

保罗·克尼根提供了许多很好的例子，他敏锐的眼睛发现了大量排印错误，真是令人尴尬；剩下的所有拼写错误都是我的错。

我还要感谢乔希·布洛赫、斯图·费尔德曼、乔纳森·弗兰克、河成昌（音译）、杰拉德·霍兹曼、薇琪·卡恩、马克·克尼汉、哈里·李维斯、史蒂夫·洛尔、玛德琳·普兰纳库斯·克罗克、阿诺德·罗宾斯、乔纳·辛诺维茨、霍华德·杜格利和彼得·温伯格，他们提出了有益的建议。还有普林斯顿大学出版社的制作团队——劳伦·布卡、南森·凯尔、罗琳·多尼克、迪米特里·卡列特尼科夫和苏珊纳·舒梅克——与他们共事非常愉快。

和往常一样，我要深深地感谢我的妻子梅格，感谢她对我的手稿提出的有见地的评论，感谢她多年来的支持、热情和忠告。

我还要感谢一些报纸和杂志，特别是《纽约时报》，它们为这本书提供了许多例子。它们偶尔会犯错，但会发表更正文章。在这个"假新闻"和彻头彻尾的谎言泛滥的时代，拥有如此关注真相和准确性的消息来源是非常宝贵的。

millionsbillionszillions.com 网站上有一些没有被收录进这本书的例子，慢慢地还会添加新的例子。你们发现的任何例子都可以发给我，我很乐意收到你们的来信。

延伸阅读

市面上有一些关于识数能力（或者数盲）的好书。我一直最喜欢的是达莱尔·哈夫的《统计数字会说谎》（*How to Lie with Statistics*）。这本书出版于 1954 年，至今仍然很值得一读。如果你没有读过关于这个话题的其他书，这本书是个很好的选择。

特拉华大学的社会学家乔尔·贝斯特就这个话题写了三本好书：《该死的谎言和统计学》（*Damned Lies and Statistics*, 2001）、《更该死的谎言和统计学》（*More Damned Lies and Statistics*, 2004）和《统计发现》（*Stat-Spotting*, 2008）。副标题（"厘清媒体、政治家和活动家给出的数字""数字如何导致公共事务更难理解"和"识别可疑数据的工作指南"）告诉你作者为何要撰写这几本书。在第 11 章中，我引用了贝斯特关于儿童和枪支的例子，此后我在其他许多地方都有提到这些例子。

查尔斯·塞费的《数字是靠不住的》（*Proofiness*, 2010）一书堪称一流。标题 proofiness 是仿用了 truthiness（来自内心而不是书本的真相）一词，这个词是美国讽刺电视节目《科尔伯特报告》创造的。维基百科上说："truthiness 指的是人们倾向于希望或相信是真实的概念或事实，而非已知的概念或事实。"Proofiness 也是这么一回事，只不过是关于数字的。

约翰·艾伦·保罗士的《数盲：数学无知者眼中的迷惘世界》（*Innumeracy—Mathematical Illiteracy and its Consequences*）于 1988 年出版，至今仍是极好的资料。"innumeracy"（数盲）这个词（始于 1959 年，甚至更早）并不是保罗士创造的，但大众因为他这本书而开始使用这个词，这本书还帮助人们意识到不理解基本算术和统计的代价和风险。我也喜欢他的《数学家读报》（1996）。

劳伦斯·韦恩斯坦和约翰·亚当所著的《这也能想到？巧妙解答无厘头问题》（*Guesstimation—Solving the World's Problems on the Back of a Cocktail Napkin*, 2008）一书中有大量有趣的估算问题，每个问题占单独的一页，答案放在下一页。如果你喜欢费米问题，你就会喜欢这本书。这本书的第二版《无厘头面试题 2.0》（*Guesstimation 2.0*）于 2012 年出版。

《那些古怪又让人忧心的问题》（*What If?: Serious Scientific Answers to Absurd Hypothetical Questions*, 2014）由兰道尔·门罗所著，他还是在线漫画 *xkcd* 的作者。这本书非常有趣，书中举了很多精彩例子，告诉人们如何对一些非常奇怪的问题做出合理估计。（比如，"要想用乐高积木搭一座连接纽约和伦敦的大桥，大概需要多少块积木？"）

访问本书的网站 millionsbillionszillions.com 可以获得更多例子和建议。

图片来源

1.1   Courtesy of Minesweeper, CC by SA 3.0.

2.1   Drawing by Emma Burns.

3.1   Drawing by Emma Burns.

4.1   © Ad Meskens/Wikimedia Commons.

5.1   photo by Waqas Usman.

6.1   Source: Brian W. Kernighan.

6.2   Source: Brian W. Kernighan.

6.3   Source: Brian W. Kernighan.

6.4   Drawing by Emma Burns.

7.1   Source: Brian W. Kernighan.

7.2   Source: Brian W. Kernighan.

8.1   Image by Meghan Kanabay.

8.2   TL, Le Mont-Blanc depuis le village de Cordon, 10/2004. http://artli-bre.org/licence/lal/en/.

8.3   Image by Megan Kanabay.

8.4   Source: Brian W. Kernighan.

8.5   Source: Brian W. Kernighan.

9.1   Image Credit: Mark Zuckerberg/Facebook.

9.2   Randall Munroe, xkcd. This work is licensed under a Creative

Commons Attribution-NonCommercial 2.5 License. Source: http://xkcd.com/522/.

10.1 Source: Brian W. Kernighan.

10.2 Source: Brian W. Kernighan.

10.3 Data from SEC S-1, October 2013.

10.4 Data from SEC S-1, October 2013.

10.5 Data from National Center for Health Statistics.

10.6 Source: Brian W. Kernighan.

10.7 Data from Fox News.

10.8 Source: Princeton University press release, 2016.

10.9 Source: Brian W. Kernighan.

10.10 Source: Brian W. Kernighan.

10.11 Graduate News. Summer 2001 issue.

10.12 Ebirim, C., Amadi, A., Abanobi, O. and Iloh, G. (2014) "The prevalence of Cigarette Smoking and Knowledge of Its Health Implications among Adolescents in Owerri, South-Eastern Nigeria." Health, 6, 1532 -1538. Copyright © 2014 Chikere Ifeanyi Casmir Ebirim, Agwu Nkwa Amadi, Okwuoma Chi Abanobi, Gabriel Uche Pascal Iloh et al. This is an open access article distributed under the Creative Commons Attribution License, which permits unrestricted use, distribution, and reproduction in any medium, provided the original work is properly cited.

10.13 Source: American Cancer Society, Inc. Surveillance Research-2012.

11.1 Data from Bureau of Labor Statistics.

11.2 Source: Brian W. Kernighan.

12.1 Data from American Funds.

11.3 Source: Reuters/Florida Department of Law Enforcement http://

graph-ics.thomsonreuters.com/14/02/us-florida0214.gif.

13.1   Photo by Dimitri Karetnikov.

13.2   Source: Brian W. Kernighan.

13.3   Source: Brian W. Kernighan.

13.4   Source: photoeverywhere.co.uk, CCA 2.5 license